湖北化石

FOSSIL IN HUBEI

湖北省自然资源厅 ◎ 编

長江出版傳媒
湖北科学技术出版社

图书在版编目(CIP)数据

湖北化石 / 湖北省自然资源厅编. —武汉:湖北科学技术出版社,2021.4
ISBN 978-7-5706-0860-7

Ⅰ.湖… Ⅱ.①湖… Ⅲ.①古生物—化石—保护—湖北—普及读物
Ⅳ.①Q911.726.3-49

中国版本图书馆 CIP 数据核字(2019)第 301758 号

湖北化石
HUBEI HUASHI

责任编辑:宋志阳　　封面设计:胡　博

出版发行:湖北科学技术出版社　　电话:027-87679442
地　　址:武汉市雄楚大街 268 号
(湖北出版文化城 B 座 13—14 层)　　邮编:430070
网　　址:http://www.hbstp.com.cn

印　　刷:湖北新华印务有限公司　　邮编:430035

889×1194　1/16　　13.75 印张　500 千字
2021 年 4 月第 1 版　　2021 年 4 月第 1 次印刷

定　　价:220.00 元

《湖北化石》编辑委员会

内容简介

本书是在湖北省自然资源厅领导和支持下，在几代地质古生物学家近一个世纪科学研究积累的基础上，由湖北省古生物化石专家委员会组织全省古生物专家，根据近 40 年来湖北省地层古生物研究进展，系统收集和遴选我省所发现的 30 多个门类、数千种古生物化石资料的基础上，所编写的一部普及、宣传、管理和保护古生物化石的科普读物；本书化石门类齐全、文字简明扼要，通俗易懂，图片及插图清晰美观，是宣传唯物主义进化论，开展自然资源和生态环境保护，推动科学文化事业发展的生动教材。

序

我们赖以生存的地球已有46亿年的历史。在这一漫长的地质历史时期内，地球上曾经生活过无数的生物，这些生物死亡后的遗体或是生活时留下来的痕迹，许多被当时的泥沙掩埋起来。在随之到来的岁月里他们的硬体部分，如外壳、骨骼、枝叶等，以及他们生活时留下来的痕迹，经过石化作用就变成了化石。简而言之，化石就是生活在遥远过去的生物的遗体或遗迹变成的“石头”。科学家从化石中可以看到古代动物、植物的样子，从而可以推断出古代动物、植物的生活情况和生活环境，可以推断出埋藏化石的地层和岩石形成的年代和经历的变化，可以看到生物从古到今、从低级到高级的变化等等。由于在较老的岩石中的化石通常是原始的、比较简单的，而在年代较新的岩石中的生物类型和类似种属的化石则变得复杂和高级。虽然地球上保存的植物化石不如动物化石那么普遍，然而由于植物化石自身的生存环境特点，在世界上许多植物生活过的地区，包括陆地上、湖泊中、河流里以及近海内的地层之中也常被大量地发现。

湖北省是我国重要的产古生物化石省份之一，化石资源丰富，数量众多，类型多样。自1924年李四光、赵亚曾开创性工作以来，在几代地质学家前赴后继的努力下，已发现30多个生物门类和数千种无脊椎动物、脊椎动物、古植物和微体动植物化石，并且据此发表了大量有关地层和各门类化石的专著和文章。改革开放40年来，随着地层古生物理论的创新，研究手段和仪器设备的进步，以及大专院校、科研院所和地质行业各部门的共同努力，我省古生物化石研究又取得突出的进展，积累了大量有价值的新资料。古生物学又是一门专业性很强的学科，过去我省虽发表大量有关古生物研究的专业论文和著作，但多数仅适合于地质古生物专业人员使用，而通俗普及的甚少。随着《古生物化石保护条例》(国务院令〔2010〕第580号)的出台和自然资源、生态环境保护的加强，我省古生物及重要化石产地保护工作也取得了显著的成效，不仅在宜昌竖立了两枚经国际地层委员会和地质科学联合会批准的全球地质年代划分和对比标准，即通常所说的“金钉子”，还建立了郧县(今郧阳区)恐龙蛋、南漳和远安海生爬行动物和松滋猴-鸟-鱼珍稀古生物化石产地和保护区；此外还在宜昌秭归发现了世界上著名的距今6亿年左右的埃迪卡拉生物群和距今6.5亿年左右的庙河生物群化石；在松滋发现了世界上最早的距今5 500万年的灵长类代表——阿喀琉斯基猴化石；最近又在远安-南漳海生爬行动物群中发现距今2.48亿年的与现生鸭嘴兽很相似、在中生代海生爬行动物进化方面具有重要意义的“古鸭嘴兽龙”，即卡洛董氏扇桨龙。

为了全面落实国务院颁布的《古生物化石保护条例》，更好地适应我省古生物化石保护和管理工作的需要，提高全社会古生物化石保护意识，宣传和普及有关古生物化石知识，保护好我省珍贵的古生物化石资源，在省自然资源厅（原省国土资源厅）的领导下，由湖北省古生物化石专家委员会组织中国地质调查局武汉地质调查中心、中国地质大学（武汉）、湖北省地质科学研究院、中国科学院南京地质古生物研究所的地层古生物专家，在总结我省各门类化石资料的基础上在全国率先编写完成了图文并茂的《湖北化石》，在宣传和普及古生物化石知识的同时，可以更好地满足各级古生物化石保护管理人员和大专院校师生以及广大化石爱好者的需要。

《湖北化石》一书化石门类齐全，内容丰富，化石图片及插图清晰美观，通俗易懂，展现了我省丰富的古生物化石资源和近40年来研究进展以及需要保护的重点古生物化石产地，是一本生动的古生物化石科普读物，对于推动我省重要古生物化石产地的保护、地质自然公园的建设和开展地质研学旅游等活动均具有广泛应用价值。

2020年6月28日

前　　言

在地球46亿年的演化历史中,自约35亿年前原核生物在地球上出现,已经有超过13亿种生物在地球上演化出现,而当前地球上生存的物种仅剩130余万种,约占地球上出现总物种的千分之一,它们中的绝大多数因地质历史中的五次大绝灭事件而永远离开,尘封于地层之中。我们有幸通过化石的开发和保护得以窥探它们的原貌,了解它们生活环境,探索它们的生活习性;从而了解地球演化历史中的生物面貌和环境特征,启迪我们理解今天的生态环境变迁规律,思考人类未来何去何从。

本书所展示的是湖北境内古生物研究中所获得的化石标本图片及对应的现代生物精美照片和通过研究分析制作的复原图,编著者以期通过这些精美图片和简洁的介绍让读者全面而较快地了解湖北古生物化石的概况及研究程度,从而促进对古生物化石知识的科普传播和保护。

本书从化石的基本概念、采集、保护和收藏的简要介绍开始,综合考虑化石出现的时间顺序及化石门类,首先展示湖北前寒武纪的叠层石、庙河生物群及一些疑源类化石;其次依次展示无脊椎动物中的大化石和微体化石,其中大化石部分的珊瑚类、三叶虫、双壳类、腕足类、腹足类、头足类等是众多读者所熟知的,也有如棘皮类动物、笔石、古杯与海绵等是很多读者不熟悉的,而微体无脊椎动物是古生物专家之外的人很少涉及的,我们优选了精美的化石图片展示给大家。脊椎动物化石具有很高的收藏和观赏价值,在湖北也非常丰富,尤其以南漳-远安地区的海生爬行动物最具特色,松滋地区的猴-鸟-鱼化石也独具风格,十堰市郧阳区的恐龙和恐龙蛋化石吸引了大批的青少年前往参观,长江和汉江两岸洞穴里发现众多的哺乳动物化石,对研究流域的生态环境变化具有重要意义。植物化石方面,湖北从早期的裸蕨类、鳞木化石到后来的蕨类植物化石和裸子植物化石均有发育,正如现今的神农架地区被称为活化石的博物馆一样丰富多彩。

特别鸣谢:在本图册的编写过程中,我们得到了中国地质调查局武汉地质调查中心(中南地质科技创新中心)各级领导的关心与帮助,得到了古生物与地质环境演化湖北省重点实验室等平台的大力支持。

编　　者

2019年10月

目　　录

一、了解化石

◎汪啸风　孟繁松　王保忠

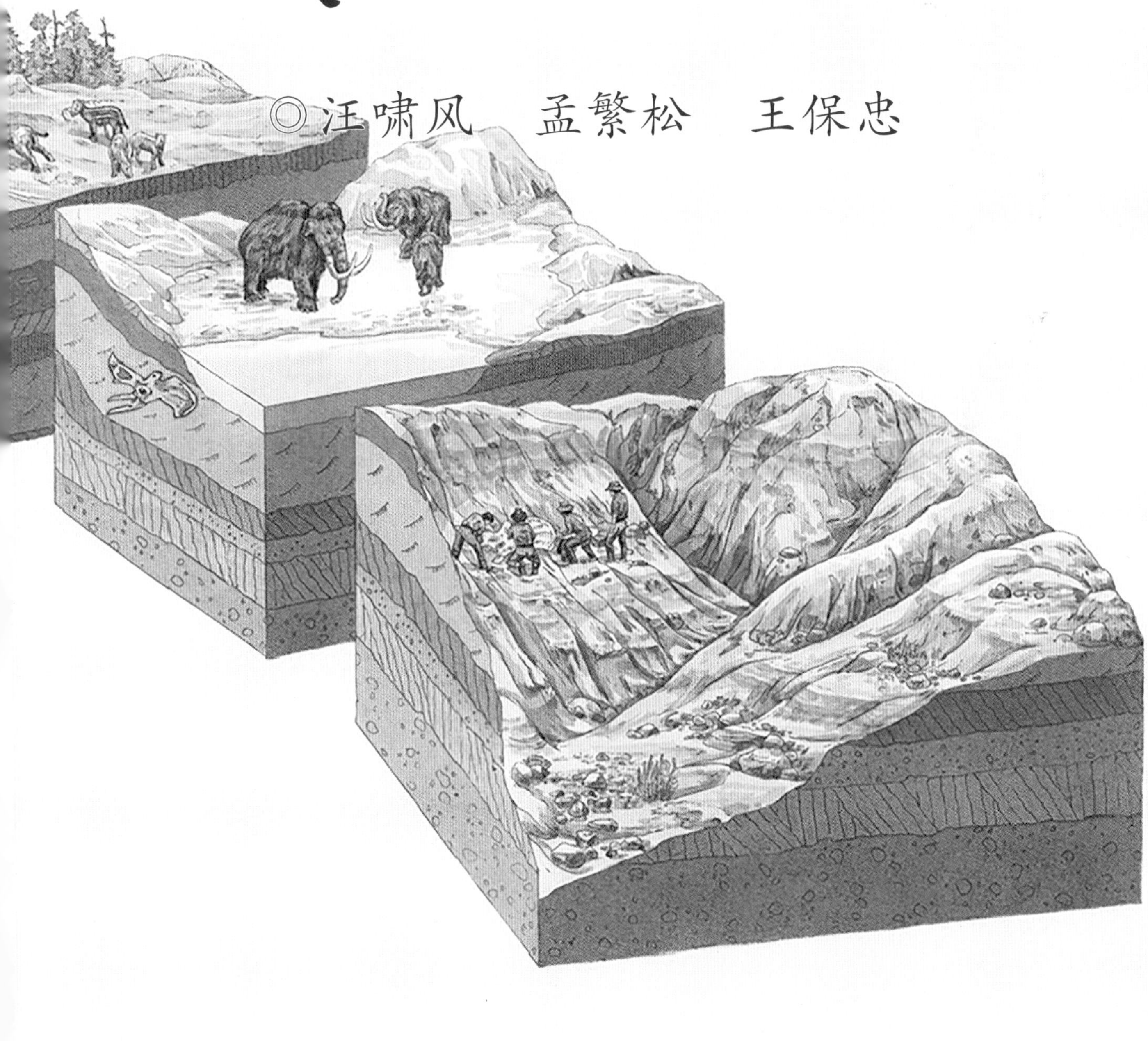

什么是化石？

化石是指在地质历史时期形成的、并保存在岩石中的生物遗体、遗迹或遗物。由古生物遗体本身保存而成的化石称为实体化石，而由生物生命活动在沉积物中留下的痕迹或遗物形成的化石则称为遗迹或痕迹化石（图 1-1）。

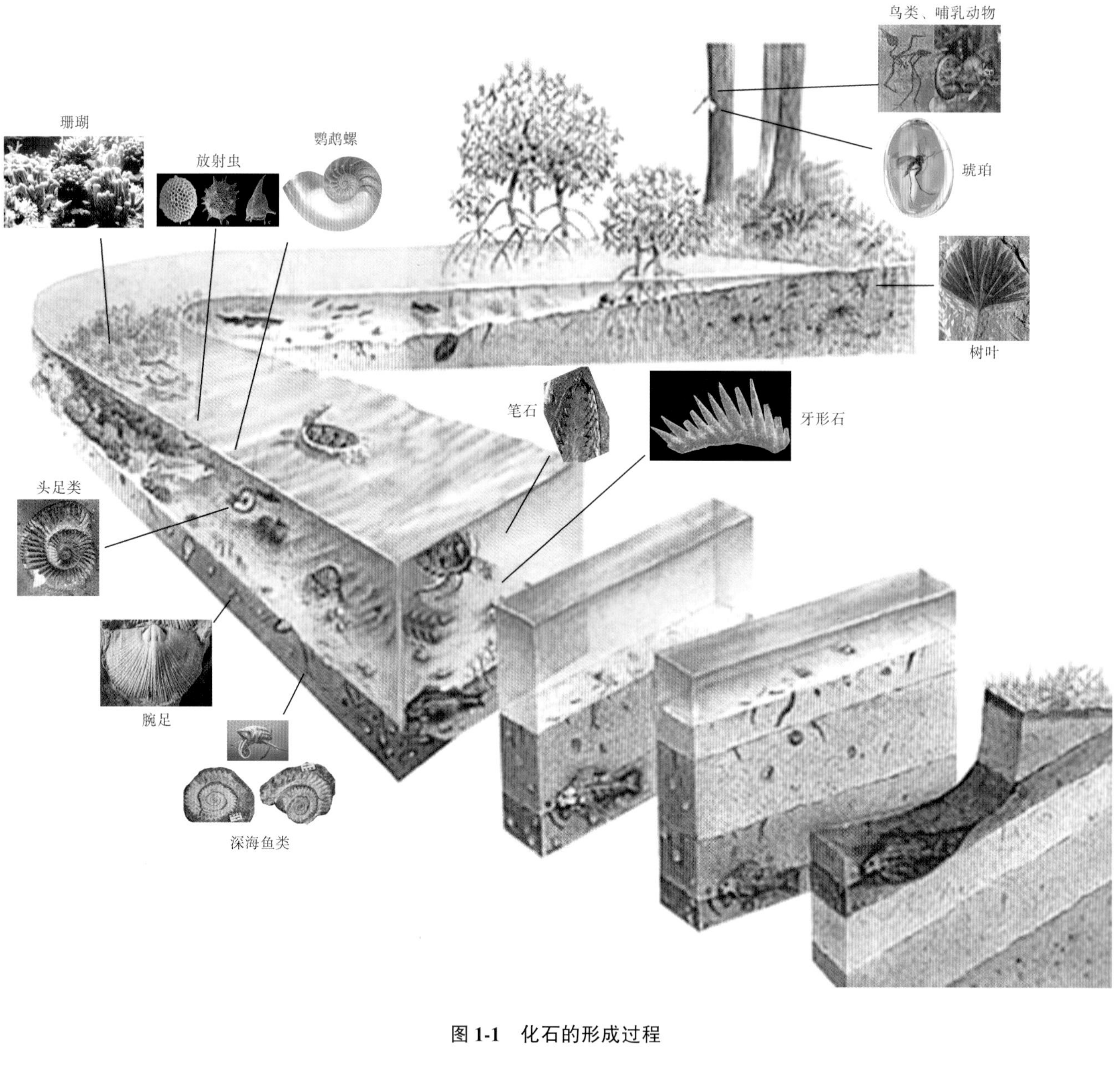

图 1-1　化石的形成过程

化石可以告诉我们什么？

化石不仅是科学研究人员探索地球的工具，也是启迪我们每个人了解地球过去，预测地球未来的航标，它对我们有重要的科研价值、科普价值、观赏价值、收藏价值，需要每个人来保护。

1. 化石是揭示生物演化秘密和重塑地球历史的钥匙

通过化石开发和保护，我们了解了地球生命从简单到复杂，从低等到高等的演化历程（图 1-2）。

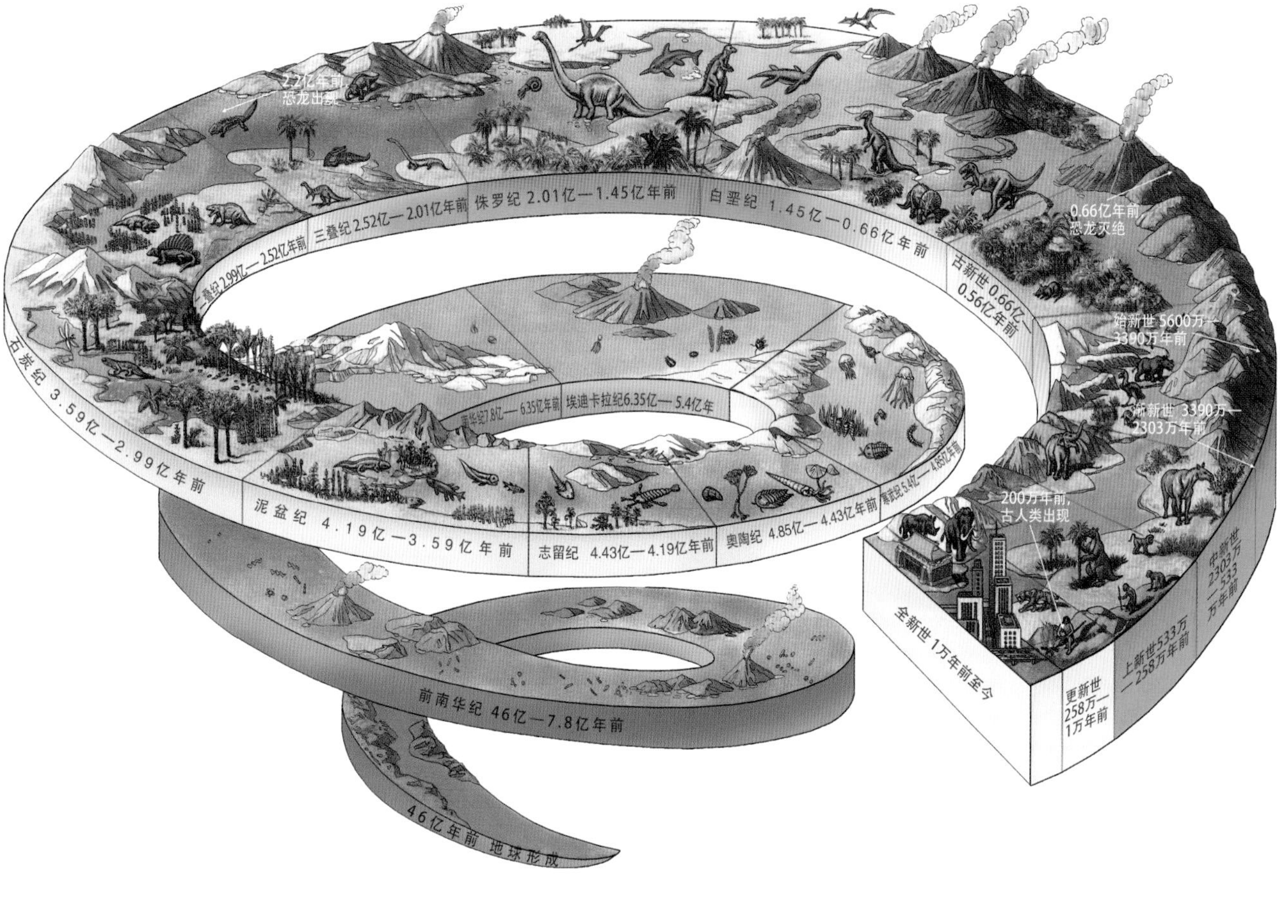

图 1-2　地质时代划分与生命演化史的关系

2. 化石是进行地层对比和确定地层时代的密码

通过对特定地质时期出现化石的研究,我们可以了解地球上不同地方的岩石是在什么时候形成的,以及某一个时期地球的概况和不同地区生物面貌的差别(表 1-1)。

表 1-1 生物演变与地质年代划分的关系

宙	代	纪	世	距今年代(Ma)	主要生物演化
显生宙	新生代	第四纪	全新世	0.0117	 人类时代  现代植物
			更新世	1.806	
		新近纪	上新世	5.332	 哺乳动物时代  被子植物时代
			中新世	23.03	
		古近纪	渐新世	33.9	
			始新世	55.8	
			古新世	65.5	
	中生代	白垩纪	晚白垩世	99.6	 爬行动物时代  裸子植物时代
			早白垩世	145.5	
		侏罗纪	晚侏罗世	161.2	
			中侏罗世	175.6	
			早侏罗世	199.6	
		三叠纪	晚三叠世	228.7	
			中三叠世	245.9	
			早三叠世	251.0	
	古生代	二叠纪	乐平世	260.4	 两栖动物时代  蕨类植物时代  鱼类时代  裸蕨植物时代
			阳新世	270.6	
			船山世	299.0	
		石炭纪	晚石炭世	318.1	
			早石炭世	359.2	
		泥盆纪	晚泥盆世	385.3	
			中泥盆世	397.5	
			早泥盆世	416.0	
		志留纪	普里多利世	418.7	
			拉德洛世	422.9	
			文洛克世	428.2	
			兰多弗里世	443.8	
		奥陶纪	晚奥陶世	458.4	 无脊椎动物时代  藻类植物时代
			中奥陶世	470.0	
			早奥陶世	485.4	
		寒武纪	芙蓉世	497	
			苗岭世	509	
			第二世	521	
			纽芬兰世	541	
元古宙	新元古代	震旦纪	晚震旦世	589	 埃迪卡拉动物群  宏观藻类植物
			早震旦世	635	
		南华纪	晚南华世	743	
			早南华世	850	
		青白口纪	晚青白口世	925	
			早青白口世	1000	
	中元古代			1600	
	古元古代			2500	
太古宙	太古代			4600	 生命(原核生物)出现

3. 化石可以帮助我们寻找地球上的沉积矿产资源与能源

很多沉积型矿产资源和能源与化石产出的地层密切相关，图 1-3 为页岩气产出关系密切的宜昌王家湾奥陶纪赫南特阶“金钉子”剖面。我国学者对奥陶–志留纪之交含笔石页岩的高精度研究直接指导了相关地层页岩气田的勘探和开发，其中包括最近获得页岩气勘探突破的宜昌地区对应笔石页岩地层（图 1-4）。

图 1-3　宜昌王家湾“金钉子”剖面

图 1-4　宜昌龙泉镇针对富笔石地层正在施工的页岩气参数井现场

4. 化石为板块构造理论提供有力的佐证

起源于大陆漂移的板块构造理论是 20 世纪人类的重大科学理论之一。

古生物化石为这一理论提供了最重要佐证：如南大西洋两岸晚古生代地层中均含一种陆生淡水爬行类中龙，而迄今世界其他地区尚未发现，这表明非洲和南美洲之间曾有陆地联系；又如舌羊齿植物化石，它是冈瓦纳古陆晚古生代植物群的特征分子，暗示当时位于南半球的非洲、南美洲、澳大利亚、南极洲和印度次大陆曾经是一个整体——冈瓦纳古陆（图1-5）。

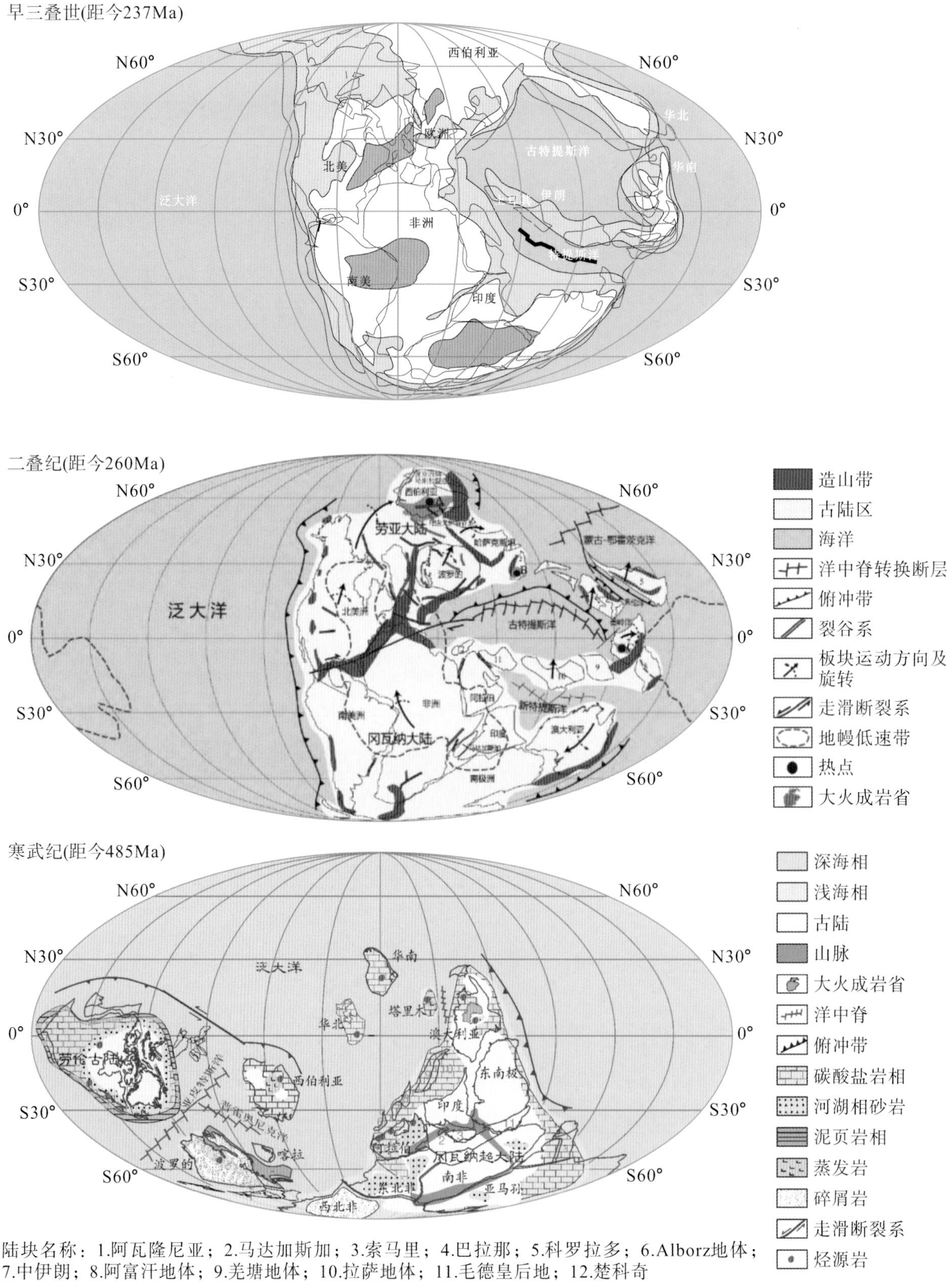

图1-5　早、晚古生代和中生代全球古地理分布

（引自Scotes，CR et al.，Paleomap project，2012）

5. 化石是重要的地质旅游、科普及文化资源

随着国民生活水平的不断提高，对旅游、科普及文化资源的需求越来越大，古生物化石在这些方面具有独特的优势，很多古生物化石既有很高的科研价值，也具有很高的观赏性，同时是青少年的重要科普资源，是文化传播的重要内容和载体（图 1-6、图 1-7）。

图 1-6　十堰市郧阳区恐龙地质公园

图 1-7　十堰市郧阳区恐龙地质公园内的恐龙蛋化石（胡起生拍摄）

化石的采集、保护和收藏

化石主要分布于沉积岩中，也有特殊情况如冻土中的猛犸象和琥珀中的昆虫等。寻找采集化石要到沉积岩层出露较好、剥离速度较快，化石露头好的河岸边、冲沟旁、风蚀坡地等地（图 1-8）。

图 1-8　古生物化石采集现场

古生物化石是一种不可再生的稀有自然资源，如何把化石标本收藏好和护养好，越来越受到人们的关注。化石采集后首先要进行修理和鉴定，然后根据其价值进行收藏。化石的收藏以馆藏为主，尤其是具备收藏条件的地质博物馆和自然博物馆，是理想的化石收藏场所（图 1-9、图 1-10）。

知识链接

化石收藏：地质公园博物馆内设立的“展示厅”“收藏室”和科研机构、高等院校建立的“化石陈列馆”或“标本库”等，也是比较理想的化石收藏场所。收藏单位需要具备化石标本防腐、防火、防盗等设施，并有相应完备的标本登记、入库、保管、安全防范等管理制度，建立化石档案和标本数据库系统。

在允许的范围内可以收藏一般保护古生物化石，具备收藏资质的研究机构、高等院校、博物馆等古生物化石收藏单位可以依法发掘、保管、展示和收藏重点保护古生物化石。

图 1-9　馆藏恐龙化石

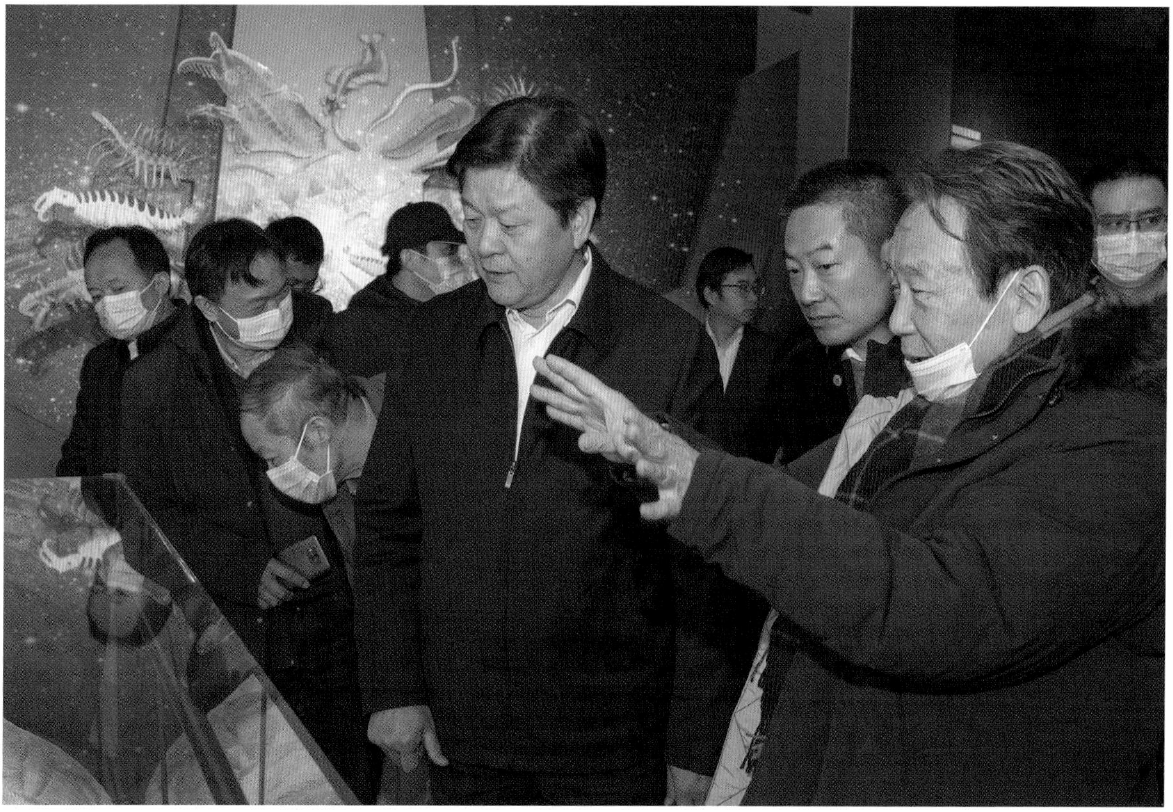

图 1-10　全国政协常委、自然资源部中国地质调查局副局长李朋德同志参观武汉地质调查中心龙化石博物馆

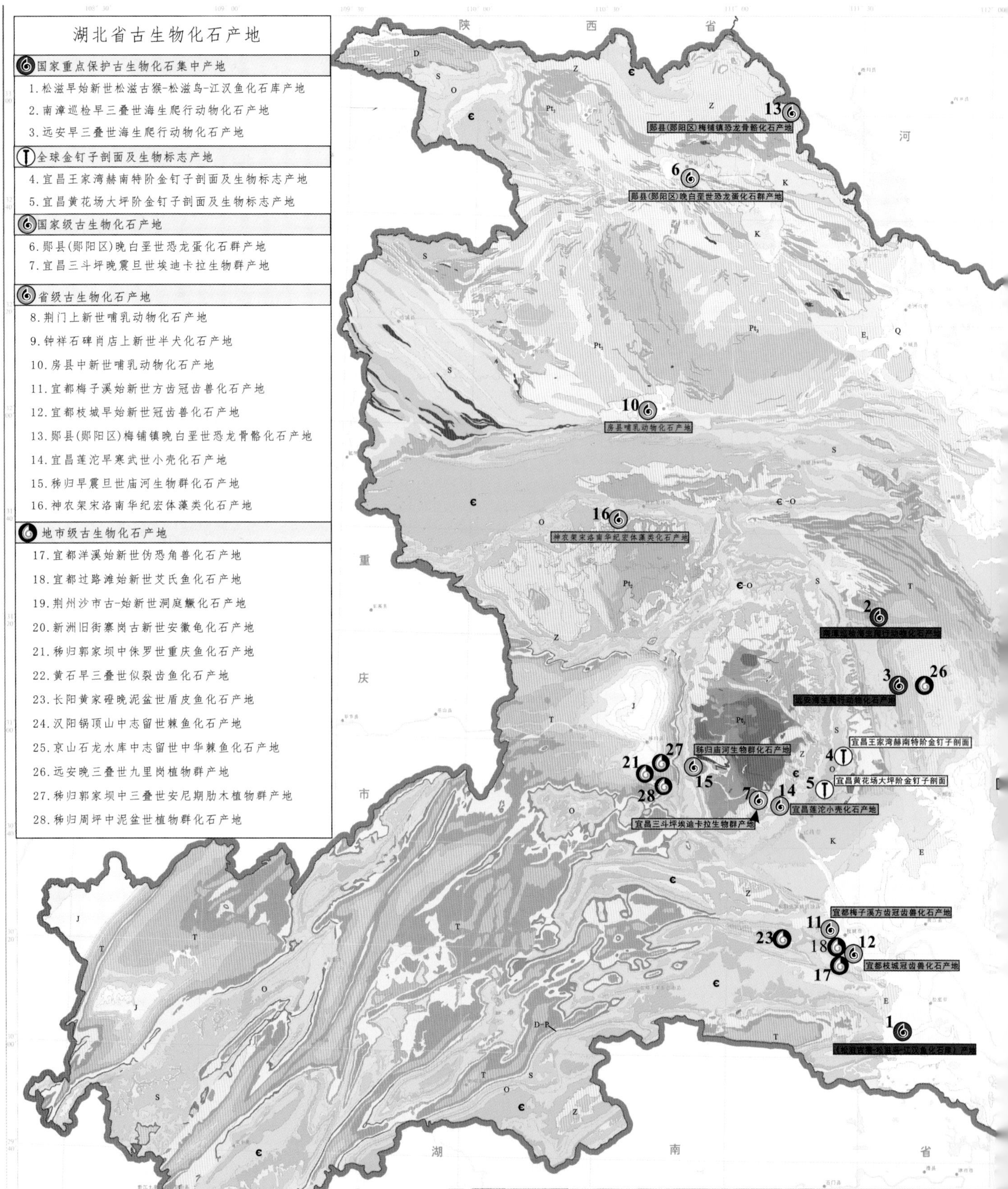
湖北省古生物化石产地
国家重点保护古生物化石集中产地
1.松滋早始新世松滋古猴-松滋鸟-江汉鱼化石库产地
2.南漳巡检早三叠世海生爬行动物化石产地
3.远安早三叠世海生爬行动物化石产地
全球金钉子剖面及生物标志产地
4.宜昌王家湾赫南特阶金钉子剖面及生物标志产地
5.宜昌黄花场大坪阶金钉子剖面及生物标志产地
国家级古生物化石产地
6.郧县(郧阳区)晚白垩世恐龙蛋化石群产地
7.宜昌三斗坪晚震旦世埃迪卡拉生物群产地
省级古生物化石产地
8.荆门上新世哺乳动物化石产地
9.钟祥石碑肖店上新世半犬化石产地
10.房县中新世哺乳动物化石产地
11.宜都梅子溪始新世方齿冠齿兽化石产地
12.宜都枝城早始新世冠齿兽化石产地
13.郧县(郧阳区)梅铺镇晚白垩世恐龙骨骼化石产地
14.宜昌莲沱早寒武世小壳化石产地
15.秭归早震旦世庙河生物群化石产地
16.神农架宋洛南华纪宏体藻类化石产地
地市级古生物化石产地
17.宜都洋溪始新世伪恐角兽化石产地
18.宜都过路滩始新世艾氏鱼化石产地
19.荆州沙市古-始新世洞庭鳜化石产地
20.新洲旧街寨岗古新世安徽龟化石产地
21.秭归郭家坝中侏罗世重庆鱼化石产地
22.黄石早三叠世似裂齿鱼化石产地
23.长阳黄家磴晚泥盆世盾皮鱼化石产地
24.汉阳锅顶山中志留世棘鱼化石产地
25.京山石龙水库中志留世中华棘鱼化石产地
26.远安晚三叠世九里岗植物群产地
27.秭归郭家坝中三叠世安尼期肋木植物群产地
28.秭归周坪中泥盆世植物群化石产地
陕
西
省
河
重
庆
市
湖
南
省
郧县(郧阳区)梅铺镇恐龙骨骼化石产地
郧县(郧阳区)晚白垩世恐龙蛋化石群产地
房县哺乳动物化石产地
神农架宋洛南华纪宏体藻类化石产地
秭归庙河生物群化石产地
宜昌王家湾赫南特阶金钉子剖面
宜昌黄花场大坪阶金钉子剖面
宜昌莲沱小壳化石产地
宜昌三斗坪埃迪卡拉生物群产地
宜都梅子溪方齿冠齿兽化石产地
宜都枝城冠齿兽化石产地

湖北省古生物化石产地分布图

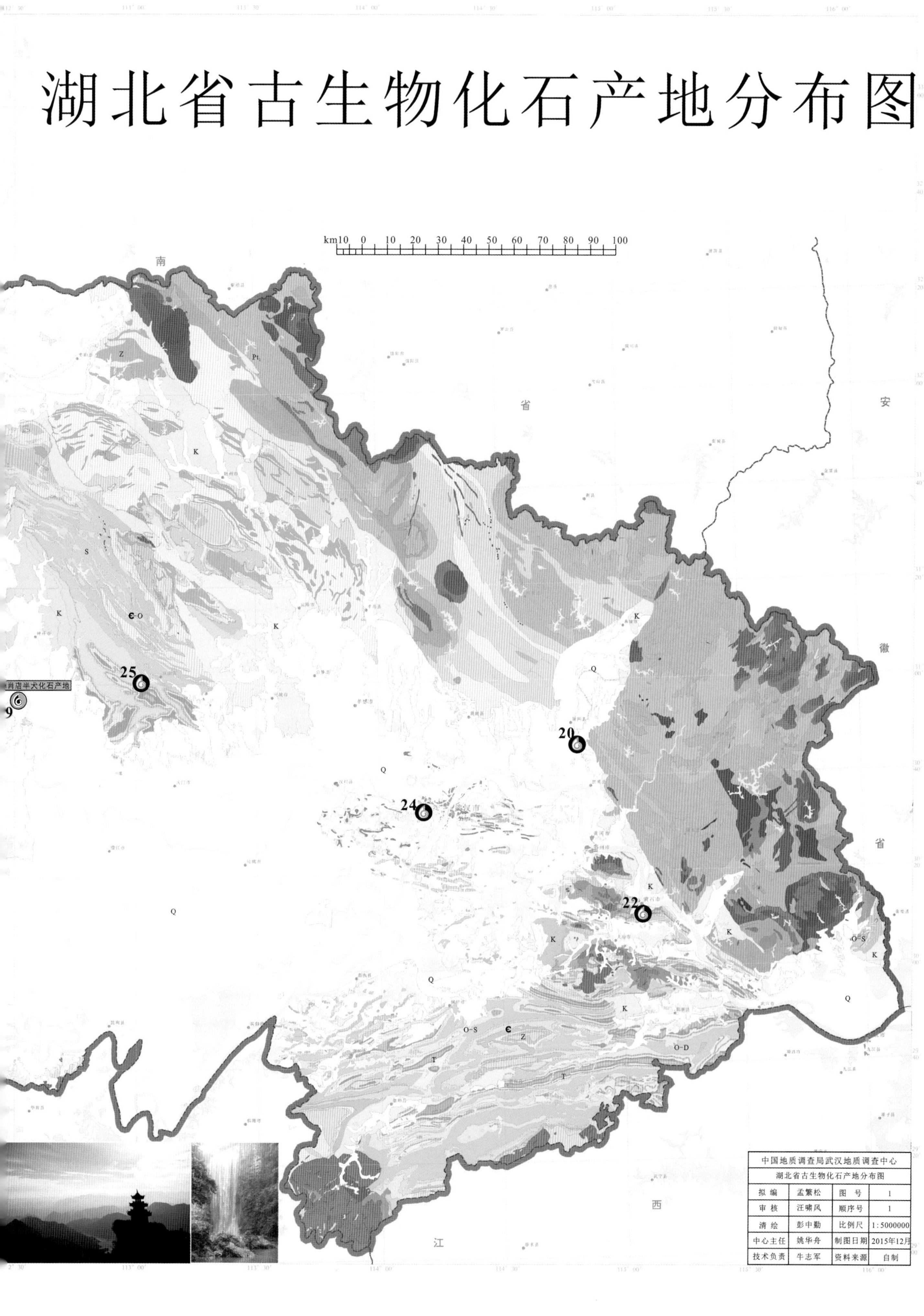

中国地质调查局武汉地质调查中心			
湖北省古生物化石产地分布图			
拟编	孟繁松	图号	1
审核	汪啸风	顺序号	1
清绘	彭中勤	比例尺	1:5000000
中心主任	姚华舟	制图日期	2015年12月
技术负责	牛志军	资料来源	自制

二、湖北早期生命演化记录及化石资源

◎汪啸风　王保忠

鄂西宜昌至神农架地区出露华南最古老的岩石，其中最老的岩体年龄达32亿年；同时也保存了华南最早的古生物化石，是湖北省得天独厚的古生物资源。现今的科学研究显示地球上最早的化石记录距今约35亿年，但在距今约5.4亿年的前寒武纪时期，地球生命的演化一直简单而缓慢。尤其在距今38亿—26亿年的太古代，发现的化石记录非常稀少。距今26亿—5.4亿年的元古代是生物进化的重要时期，在这段地史中，原核生物演化为真核细胞生物，形成地史时期的菌-藻类时代。在元古代晚期，全球性冰期之后，随着全球气候变暖促进了真核细胞生物向多细胞动物进化，出现了以宏体多细胞藻类为主的庙河生物群和以埃迪卡拉生物群为代表的后生动物群，暗示显生宇的开始。

中新元古代的叠层石

生物的出现极大地改变了地球表层的面貌。神农架地区中新元古界蓝绿藻大量繁盛使该时期发育大量叠层石生物礁，经历沧海桑田的巨变之后，形成现今神农架主峰之上的石林地貌（图2-1～图2-4）。

图2-1　神农架主峰黄龙亭上出露的元古代石林

知识链接

叠层石：是由微生物及藻类等活动所形成的包含其自身骨架在内的集合体，往往发育于浅海环境，形成高出海底的地貌特征。图2-5为澳大利亚哈梅林浦叠层石。

图 2-2　国外合作研究人员在神农架黄龙亭大窝坑叠层石野外工作

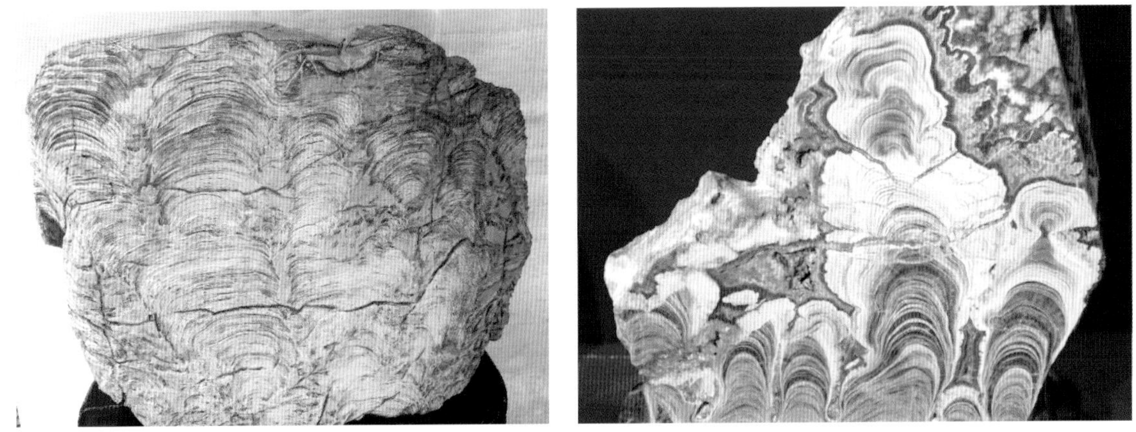

图 2-3　由微生物和藻类活动形成的叠层石(标本存放于神农架世界地质博物馆)

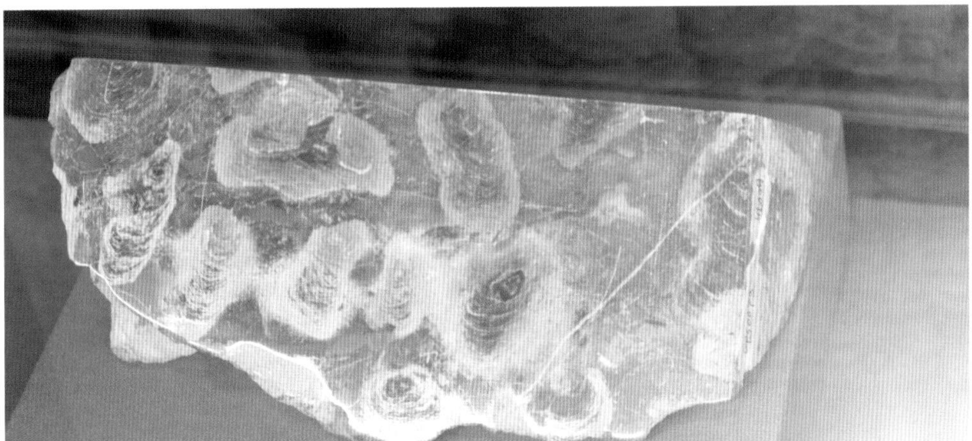

图 2-4　叠层石(标本存放于武汉地质调查中心龙化石博物馆)

图 2-5　现代海洋中的叠层石

庙河生物群化石

典型的“庙河生物群”化石产于湖北峡东秭归庙河陡山沱组上部页岩中的宏体藻类（碳质压膜）化石（图 2-6）；最早发现于 20 世纪 80 年代初期，并被认为是典型的多细胞藻类化石，与现生绿藻类的浒苔可以对比（朱为庆等，1984），由此拉开了埃迪卡拉纪（震旦纪）早期——陡山沱期宏体碳质压膜化石研究的序幕。近 20 年来，宜昌地区陡山沱组下部球状原始藻类化石的研究持续获得新发现（图 2-7）。

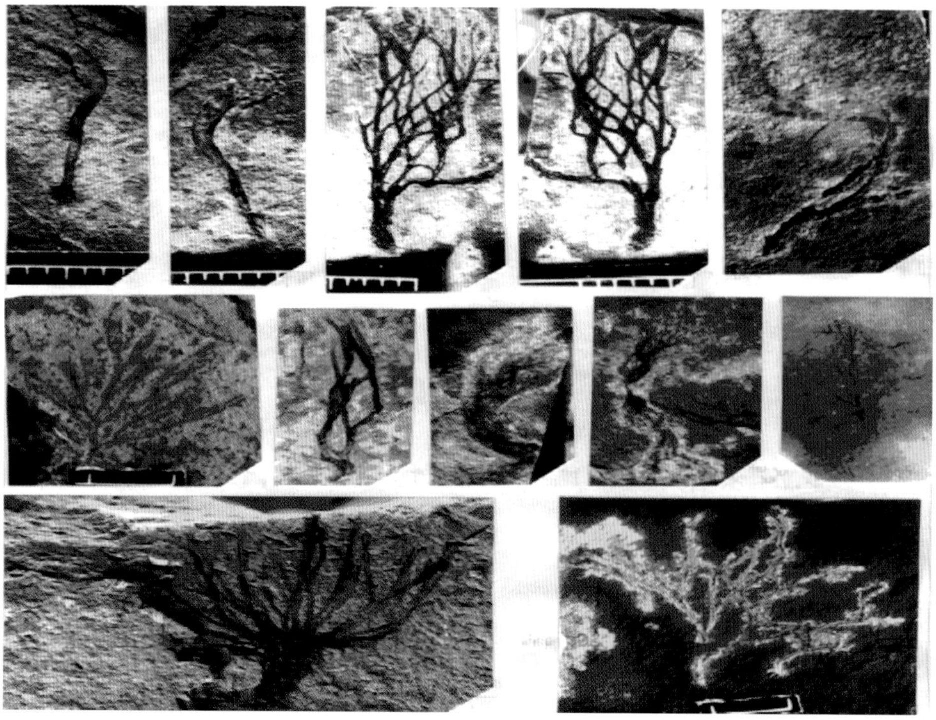

图 2-6　秭归庙河生物群中的宏体藻类化石（据 Chen et al.，2011，2014）

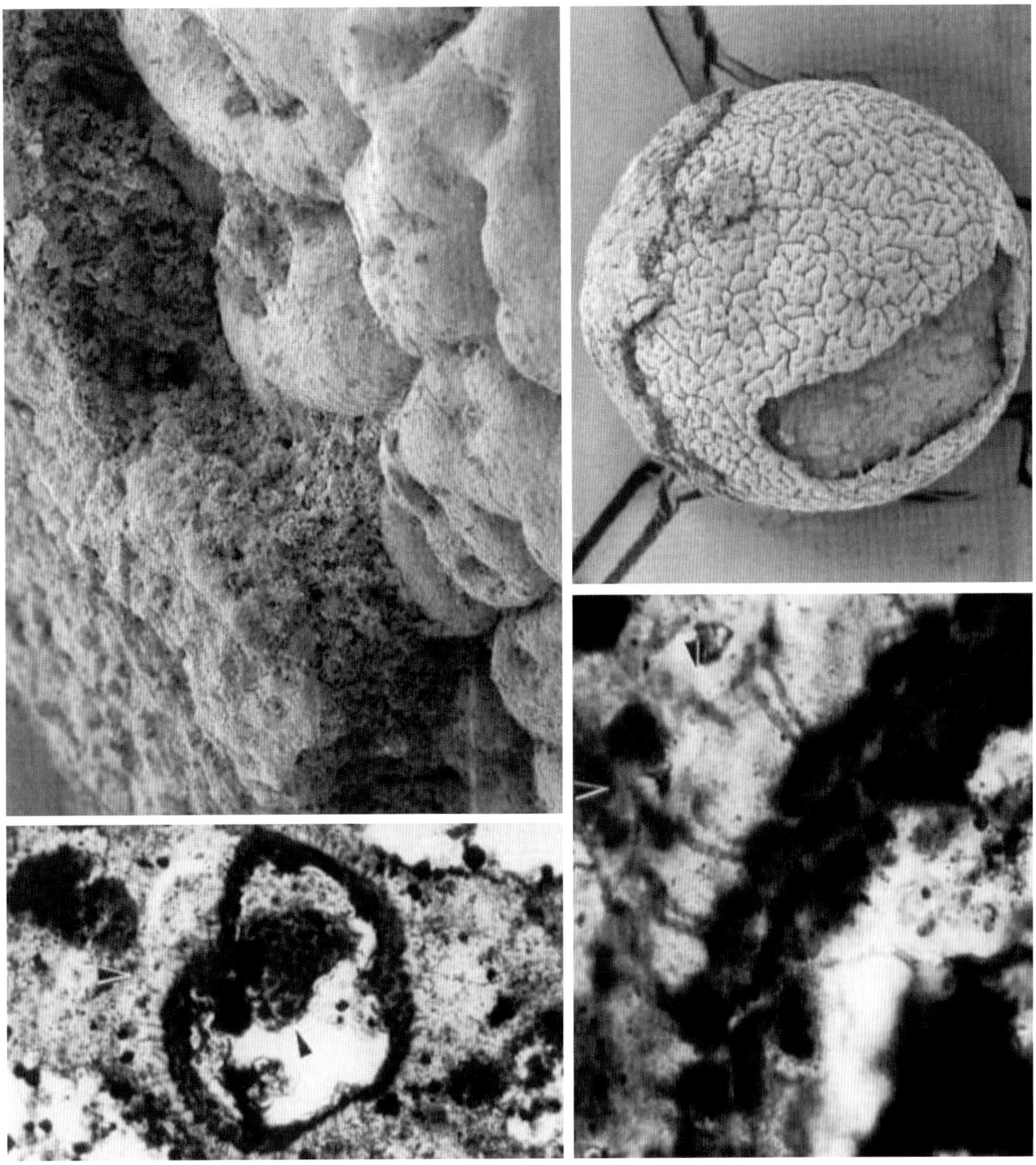

图 2-7　宜昌莲沱陡山沱组下部的球状带刺原始藻类(尹崇玉等,2017)

湖北的埃迪卡拉生物群

埃迪卡拉生物群是寒武纪生命大爆发前最知名的生物群，对研究生命起源与演化具有重要意义（图2-8）。

图2-8 以大型多细胞动物为特色埃迪卡拉生物群的生活复原图

知识链接

埃迪卡拉生物群被认为是已知的最古老的海洋后生动物群，由最早的海生软躯体化石和遗迹化石组成，因1947年在南澳大利亚埃迪卡拉山前寒武纪晚期的庞德砂岩内发现而得名，现已发现近2 000件化石标本。

湖北的埃迪卡拉生物群主要见于宜昌市夷陵区雾河埃迪卡拉系（震旦系）灯影组石板滩段距今5.8亿年左右的黑色碳质硅质岩地层中（图2-12），已出现多种类型的埃迪卡拉生物群的典型分子，计有：灯影拟恰尼虫（*Paracharnia dengyingensis*）、雷噢默霍马洛水母（*Hiemalora pleiomorpha*）、卡罗来纳双羽蕨虫（相似种）（*Pteridinium* cf. *carolinaense*）、恰尼盘海笔（未定种）（*Charniodiscus* sp.）、闫哲虫（未定种）（*Rangea* sp.）、环形务河管（Wutubus annularis）等（图2-9、图2-11～图2-16），分布面积达1 000m^2，核心地区约100m^2。

值得提出的是，近30多年来，在我国云南、贵州、湖南和湖北等地的寒武纪地层中还相继发现了以澄江生物群、凯里生物群、牛蹄塘生物群和清江生物群等为代表的震惊世界的特异埋藏化石群，这是中国古生物学家在丰富和完善达尔文进化论，揭示动物起源和寒武纪生命大爆发以及生物快速辐射进化奥秘方面（图2-10），所提供的宝贵资料和所做出的令全球科技界高度关注和振奋的杰出贡献（汪啸风，姚华舟，2019）。

图 2-9　埃迪卡拉生物群中的圆盘状宏体化石 *Hiemalora pleiomorpha*
（引自 Chen et al. ,2014）

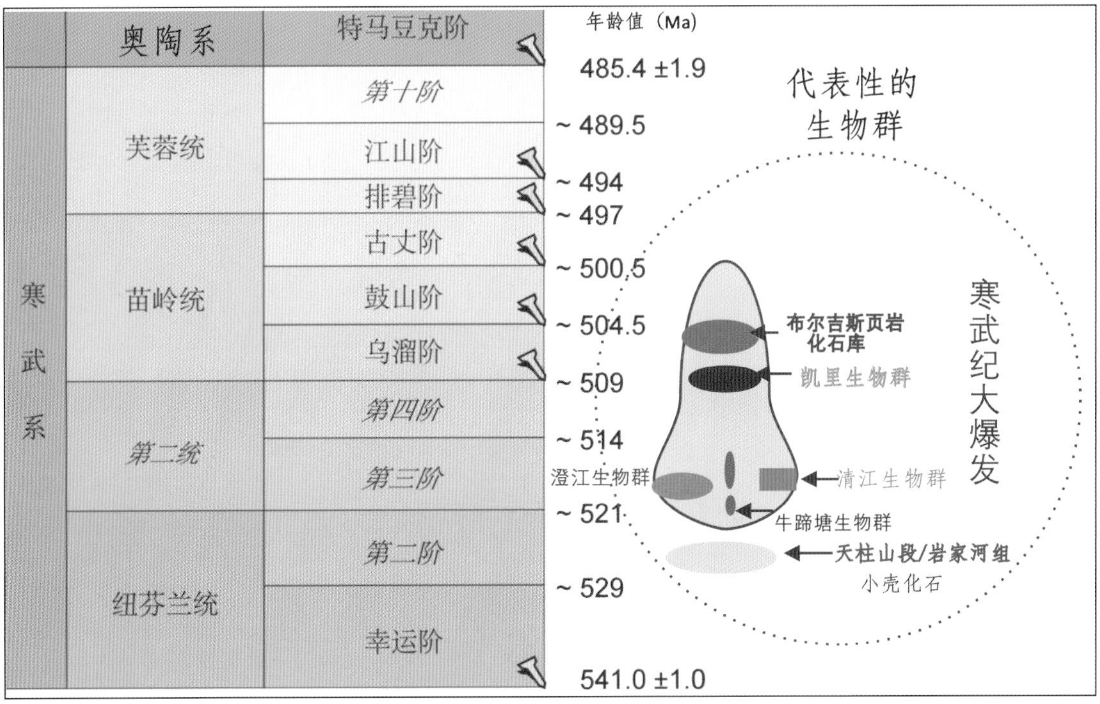

图 2-10　寒武纪大爆发的生物群

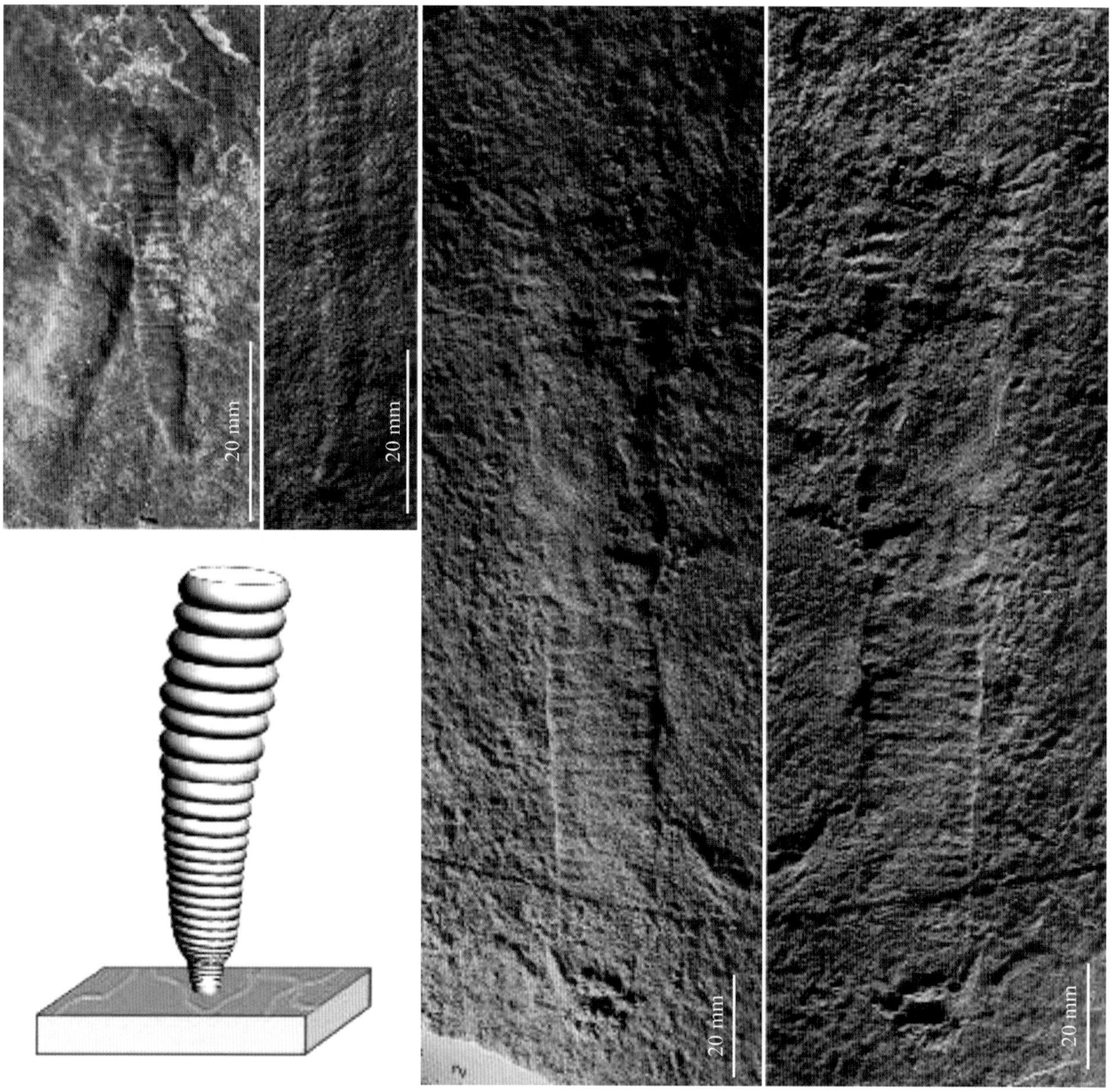

图 2-11　宜昌雾河埃迪卡拉生物群拥的新类型——雾河管(*Wutubus annularis*)

黄色为实体化石，白色为该动物生活方式再造(引自 Chen et al.，2014)

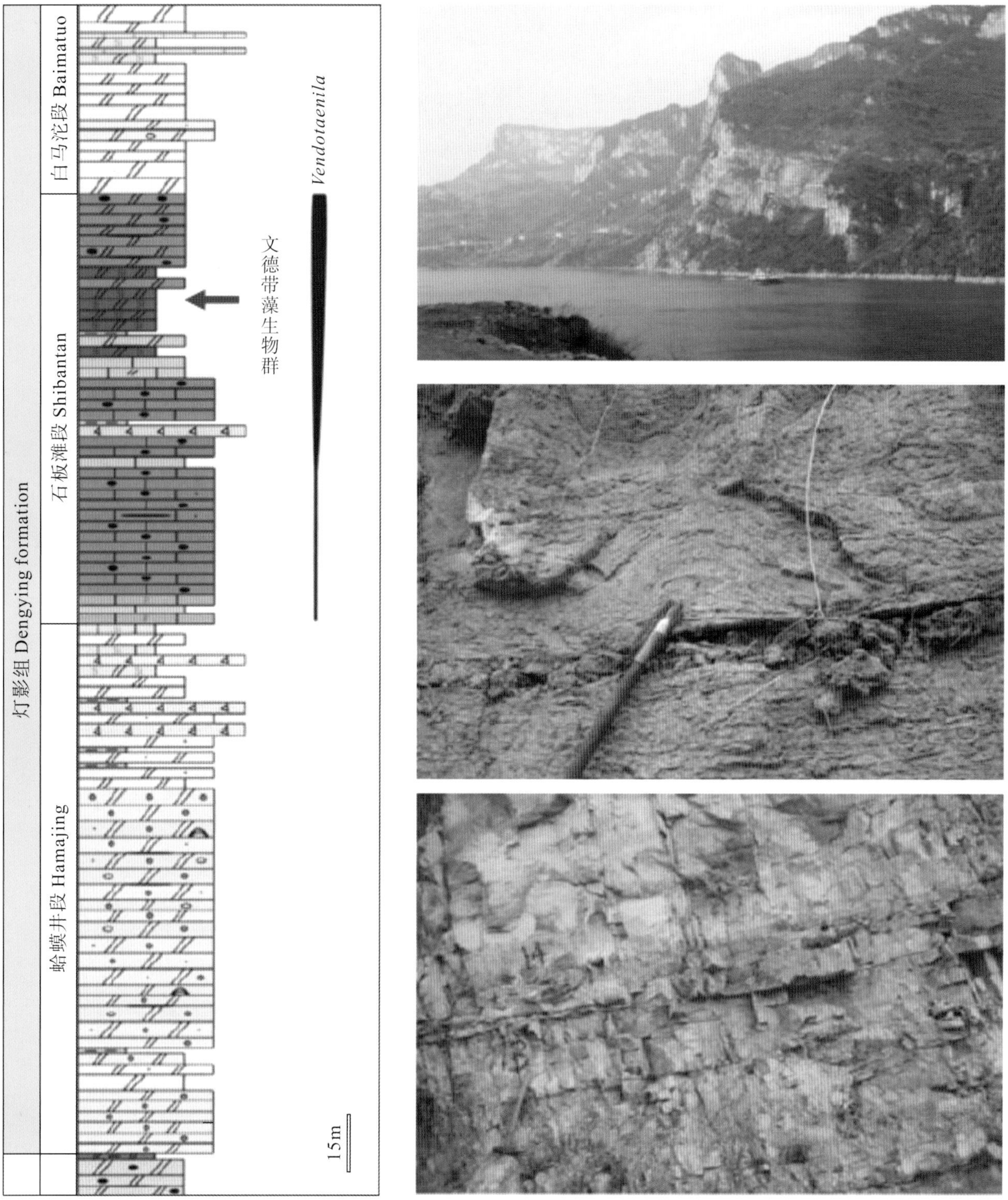

图 2-12　沿灯影峡李四光小道出露的灯影组剖面(箭头为埃迪卡化石群产出层位)

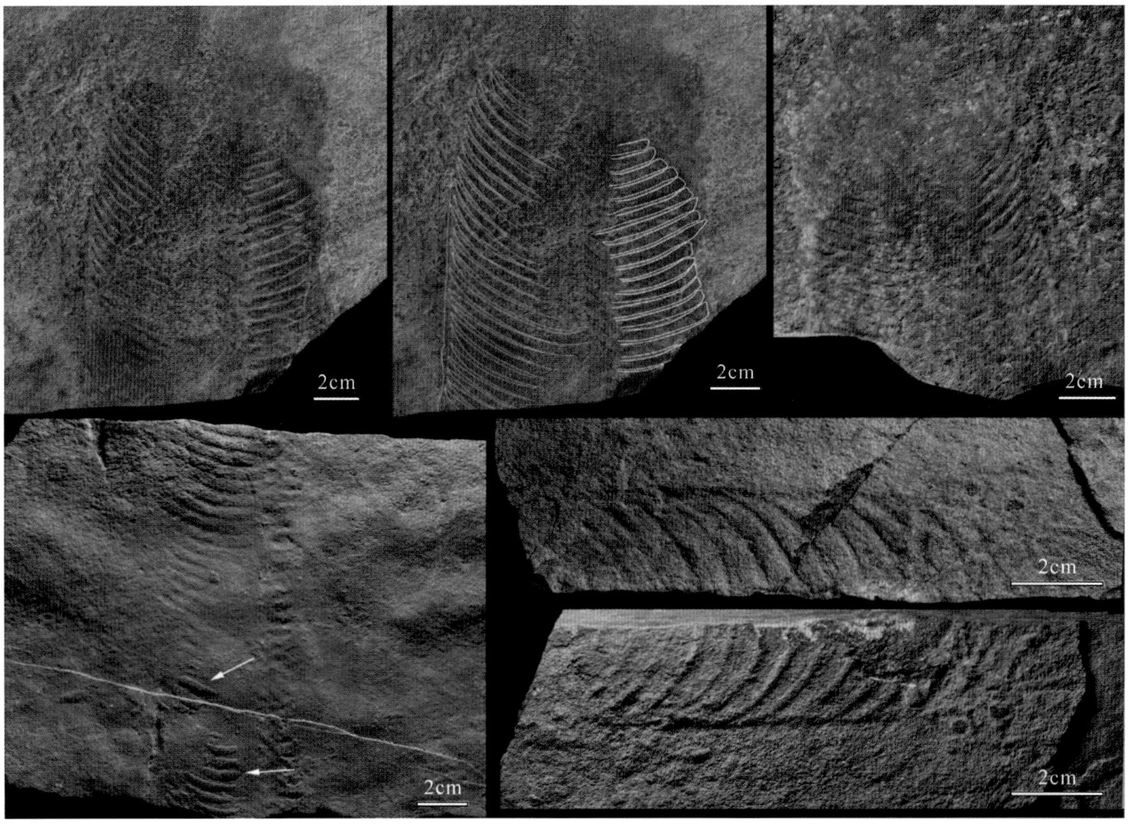

图 2-13 雾河埃迪卡拉系灯影组石板滩段发现的埃迪卡拉生物群中的具环节的动物印模化石——***Pteridinium***
(引自 Chen et al. ,2014)

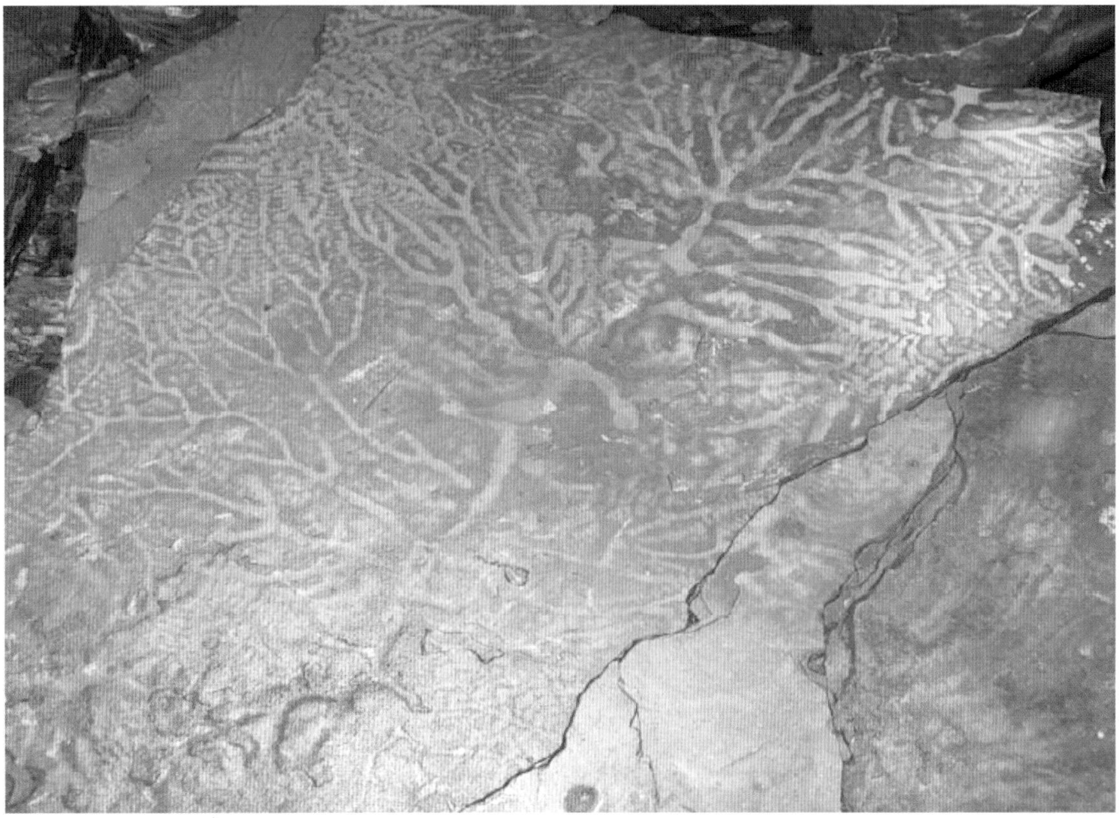

图 2-14 宜昌雾河埃迪卡拉生物群拥有不同类型的痕迹化石(据陈哲等,2014)

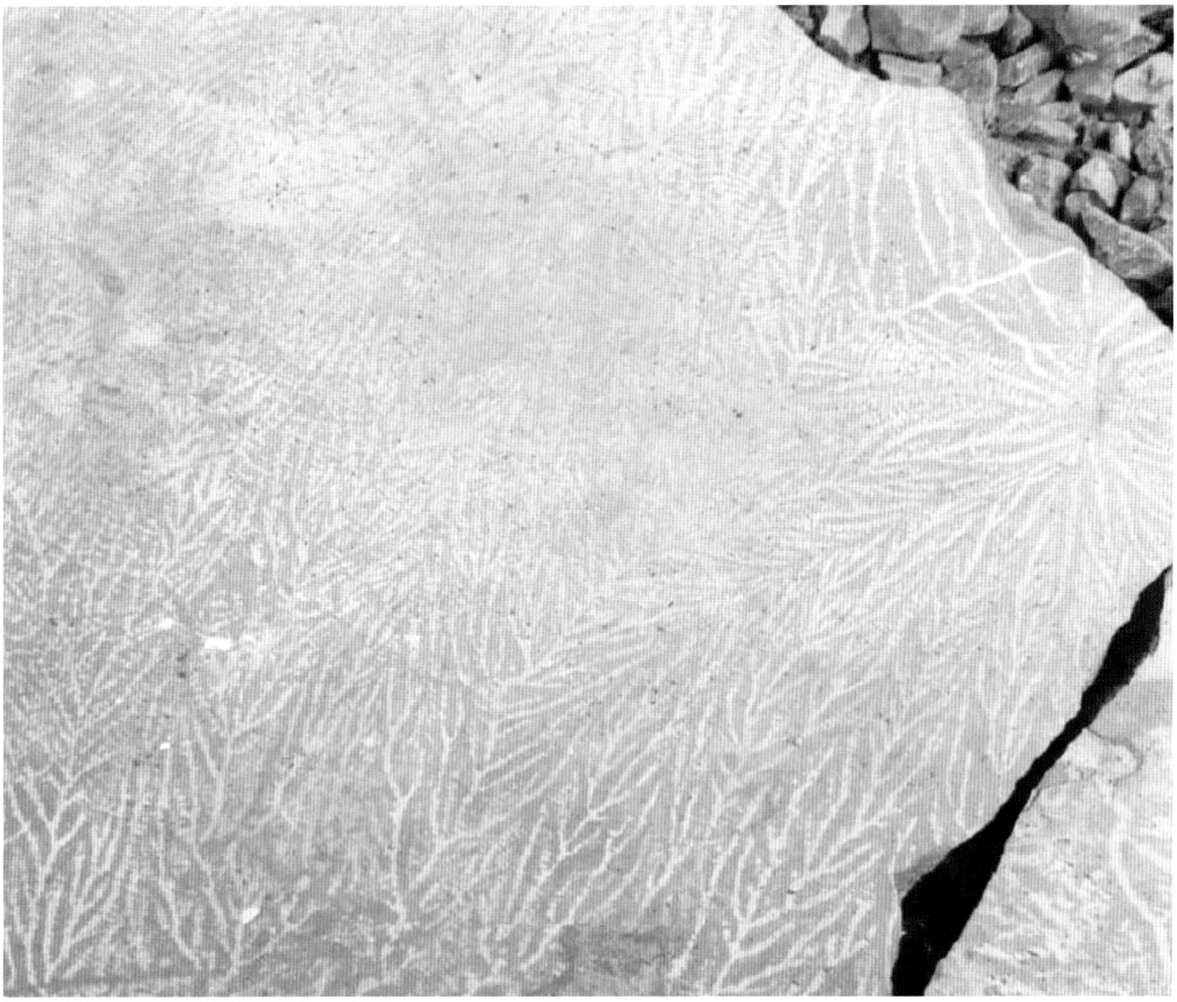

图 2-15　宜昌务河埃迪卡拉生物群含形态多样的痕迹化石(据陈哲等,2014)

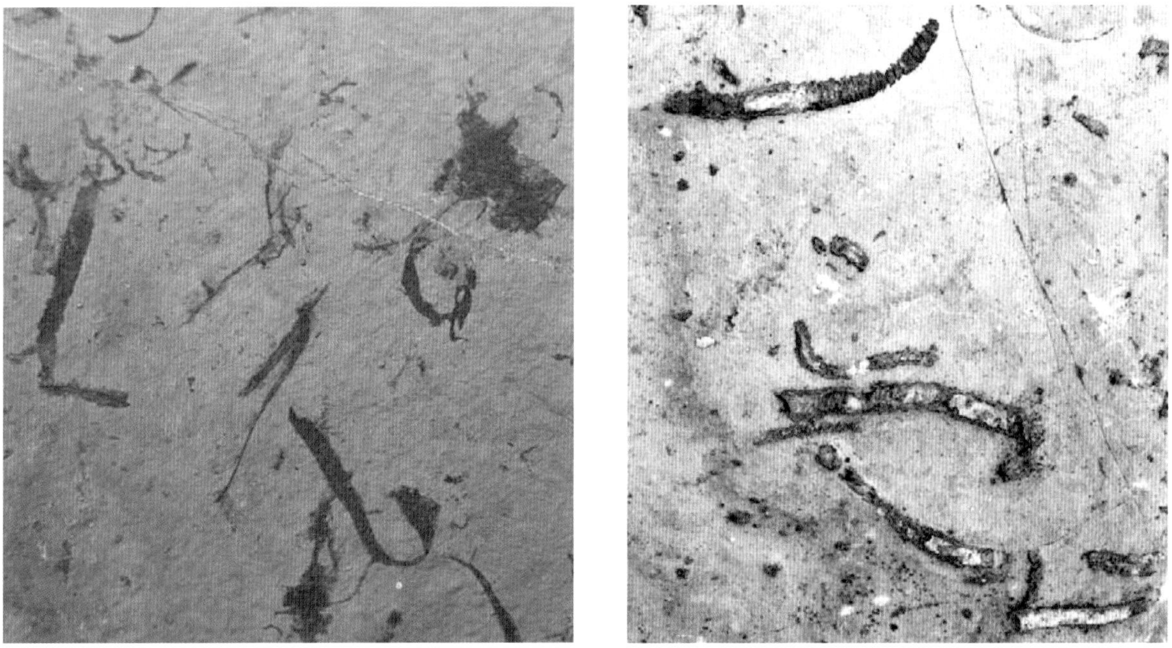

图 2-16　与埃迪卡拉化石群共生的文德带藻化石以及在其上部发现的管状化石

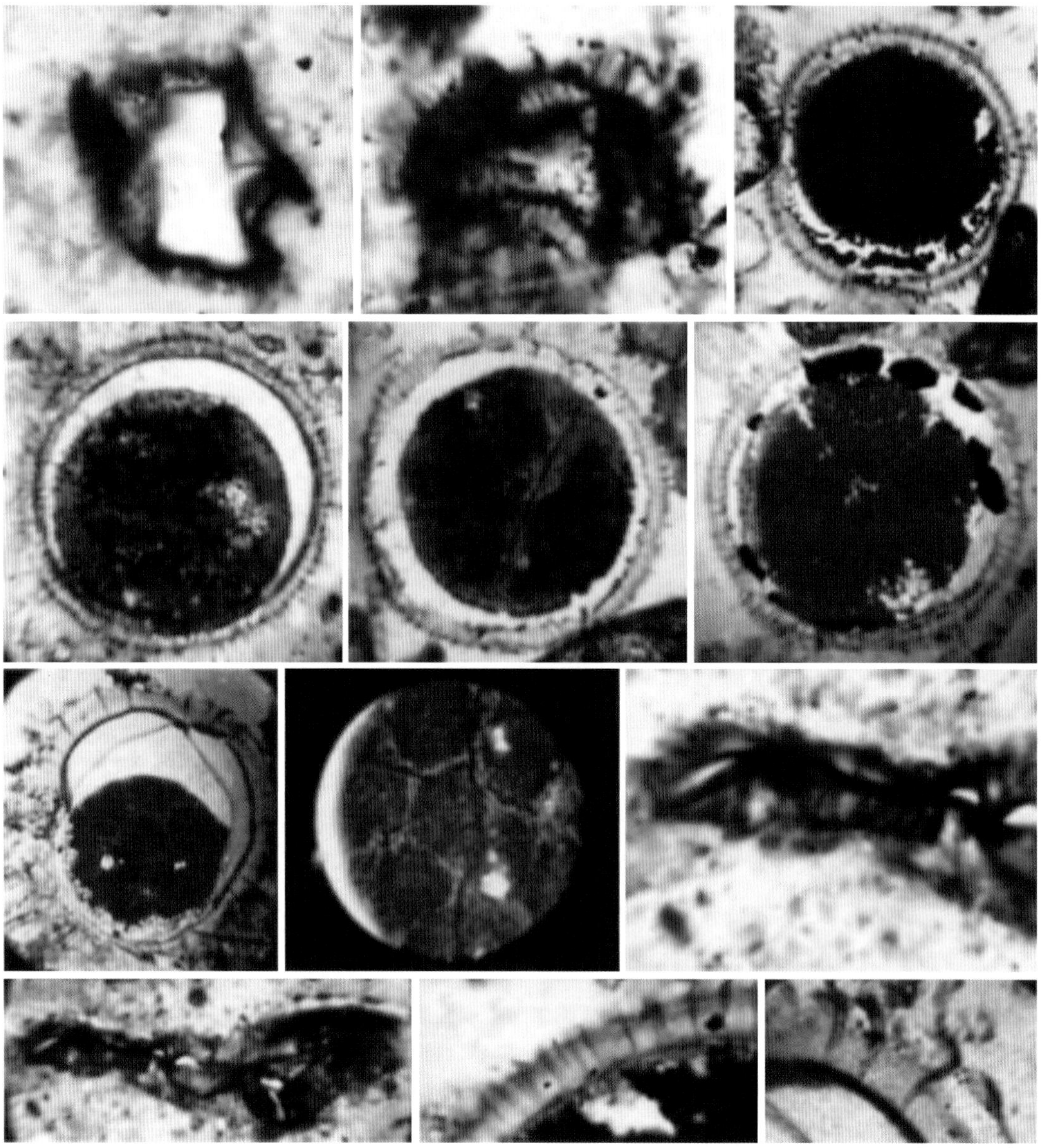

图 2-17　在宜昌晓峰陡山沱组发现的疑源类化石，曾认为可能是后生动物卵化石(据 Xiao et al.,2002,2004)

知识链接

疑源类化石(Acritarchs):疑源类是具有机壁的、亲缘关系和生物门类归属不明的微体化石类群，它们很可能是多源的、具有不同亲缘关系的集合体。虽然不能将疑源类归属为任何已知的生物门类，但随着研究的深入，一些疑源类化石可能有的被归为藻类，有的则归入后生动物的卵。简而言之，疑源类化石是指前寒武纪、古生代海洋分类位置目前还不能肯定的微体浮游生物化石的集合体(图 2-17)。一些研究程度很高的地层中也存在众多疑源类化石，湖北宜昌黄花场"金钉子"剖面大湾组中下部的疑源类化石发育较为丰富(图 2-18)。

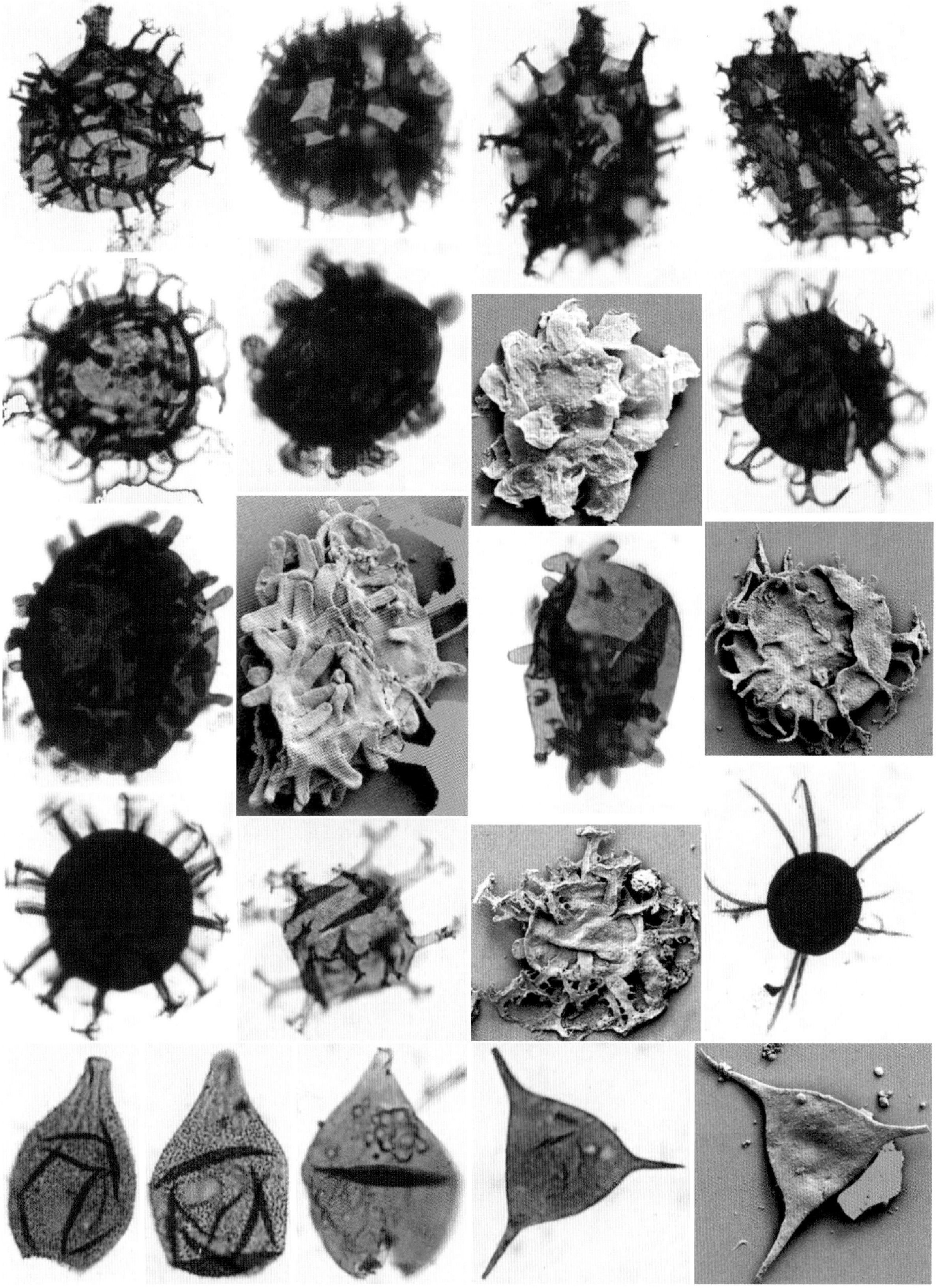

图 2-18　宜昌黄花场“金钉子”剖面大湾组中下部所产的疑源类化石（Wang et al. ,2009）

三、无脊椎动物

——大化石部分

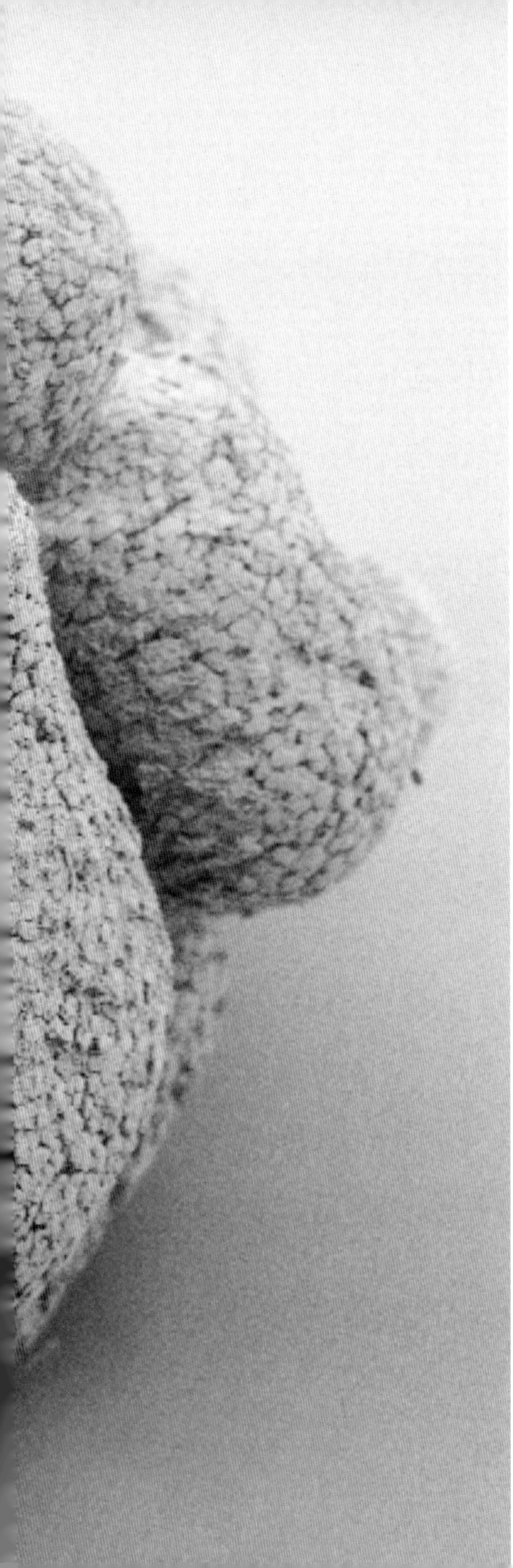

海绵与古杯化石

◎汪啸风

图 3-1 为世界上最早的海绵化石——贵州始杯海绵(*Eocyathispongia qiania* Yin et al. , 2015)只有一粒米那么大,系中科院南京地质古生物研究所在贵州瓮安发现的距今 6 亿年的原始海绵动物化石。由于该枚海绵化石的发现,将地球上海绵出现的实证记录向前推进了 6 000 多万年。

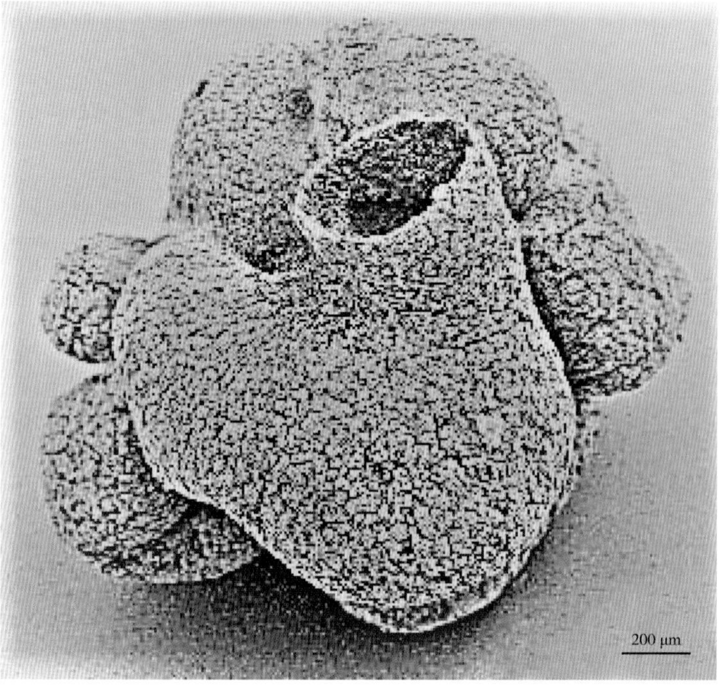

图 3-1 贵州始杯海绵

知识链接

海绵为原始的、水生固着底栖动物,系多孔动物门生物的统称,海绵是世界上结构最简单的多细胞动物;海绵虽然属于动物,但它不能自己行走,只能附着固定在海底的礁石上,从流过身边的海水中获取食物。海绵的种类众多,有 1 万~1.5 万个种类。除了少数种类喜欢淡水外,绝大多数海绵一直生活在海底。

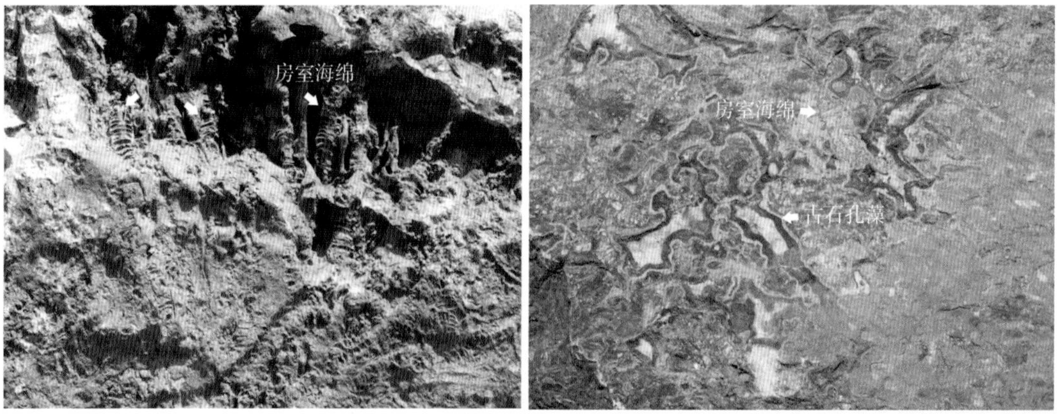

图 3-2 利川二叠纪海绵礁(吴亚生拍摄)

知识链接

瓶筐石是据其外形命名的一种后生动物(图 3-3),研究人员通过连续切片揭示瓶筐石的出芽生殖现象,表明其海绵动物的属性,属海绵动物门。早—中奥陶世(距今 4.85 亿—4.58 亿年)瓶筐石出现,代表着第二次后生动物礁繁盛时期的开启(第一次为古杯动物在寒武系早期的繁盛)。

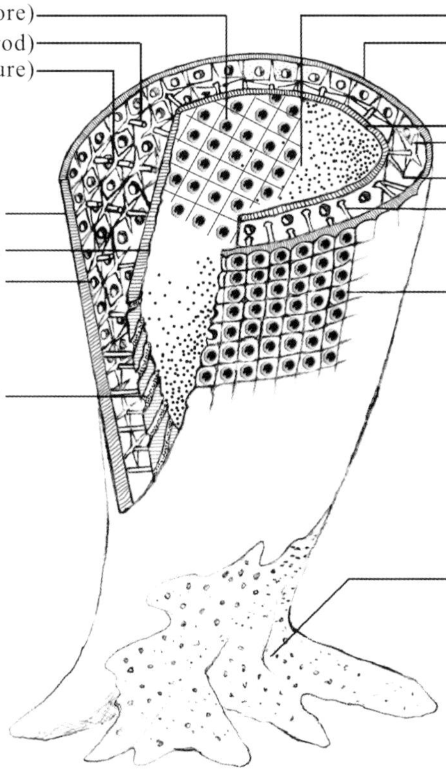

图 3-3　瓶筐石的复原图(引自 Li et al.,2015)

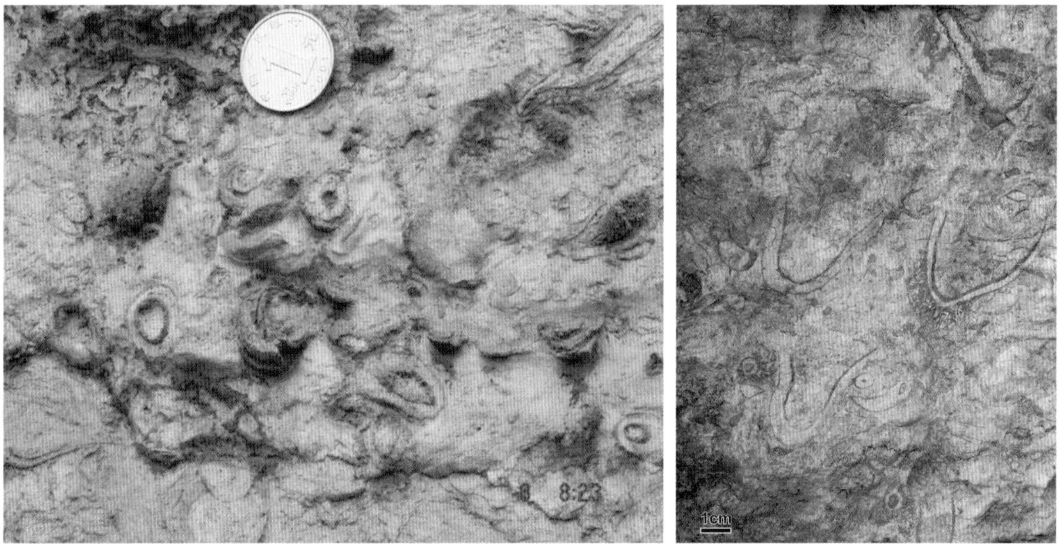

图 3-4　**湖北宜昌黄花场奥陶纪红花园组中的瓶筐石化石**

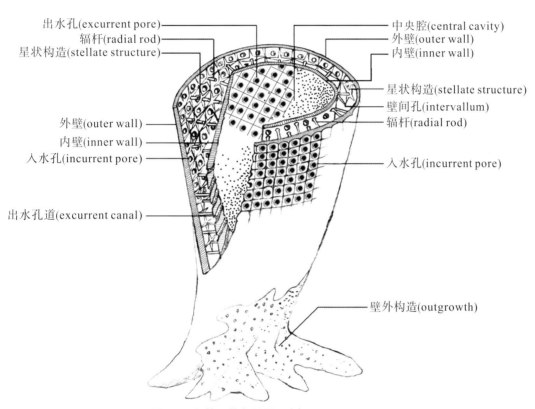

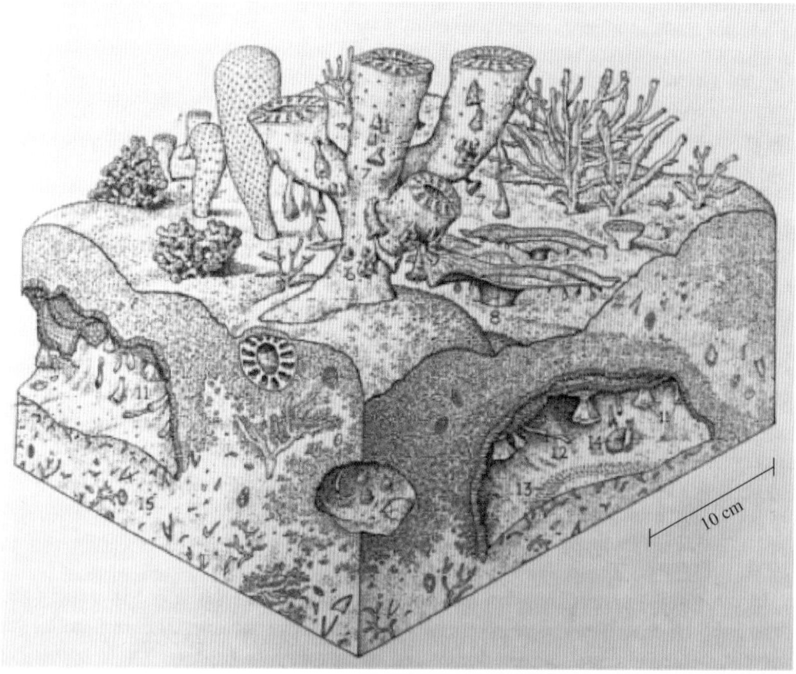

图 3-5　古杯复原图(引自 Wood,1999)

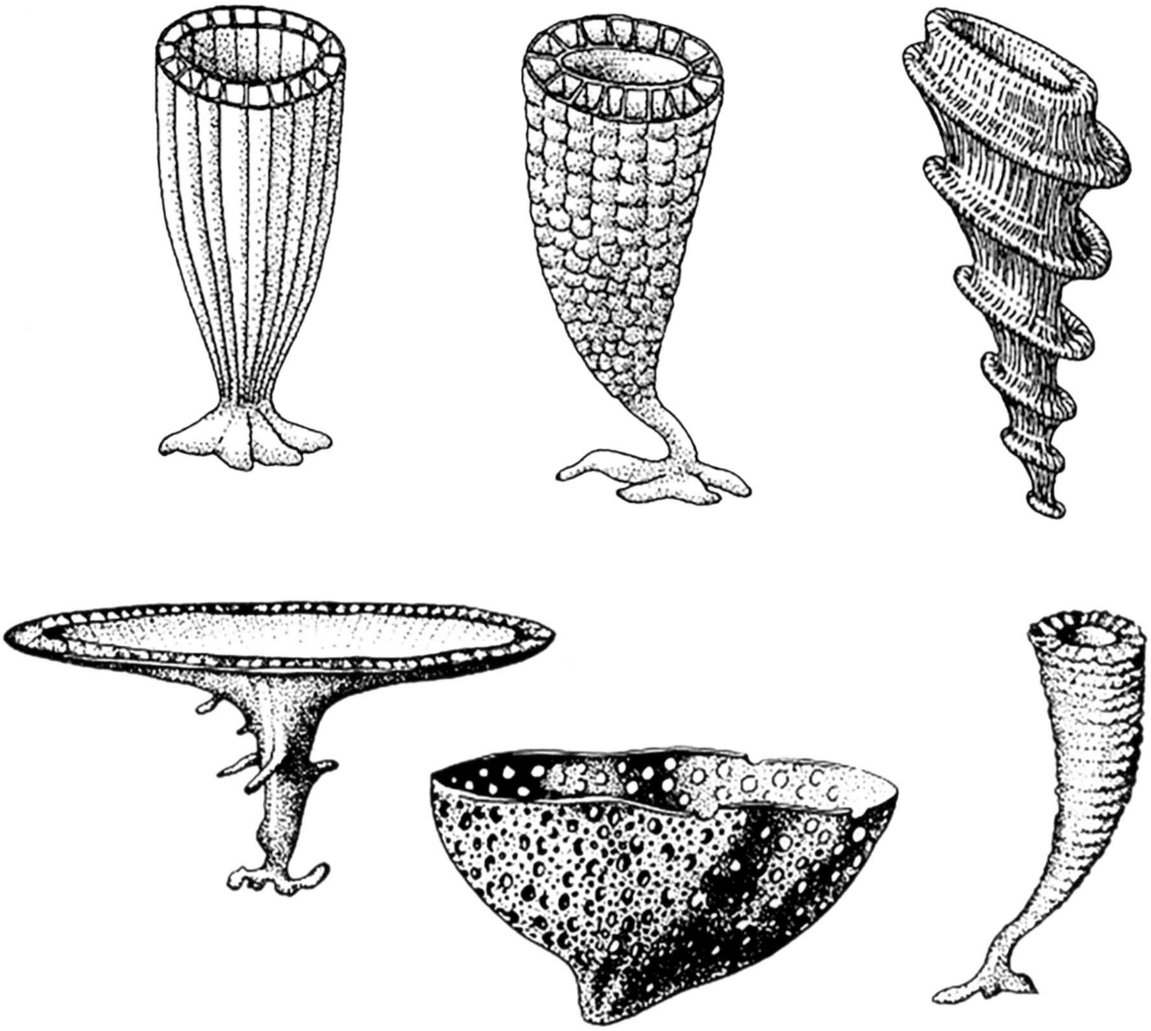

图 3-6　古杯动物的外部形态(引自 Rigby and Ganfioff, 1987)

知识链接

古杯动物兴盛于距今5.2亿年左右的寒武纪第二个阶的早期到早中期，到了第二个阶的晚期已绝灭，延续的地质时间不到2 000万年。由于古杯动物在世界范围内分布广泛，地层中延续时间短，演化快，因此在20世纪60—70年代被国际地质古生物学界公认为确定寒武纪底界和寒武纪早期地层时代划分和对比的标志性化石（图3-4～图3-7）。

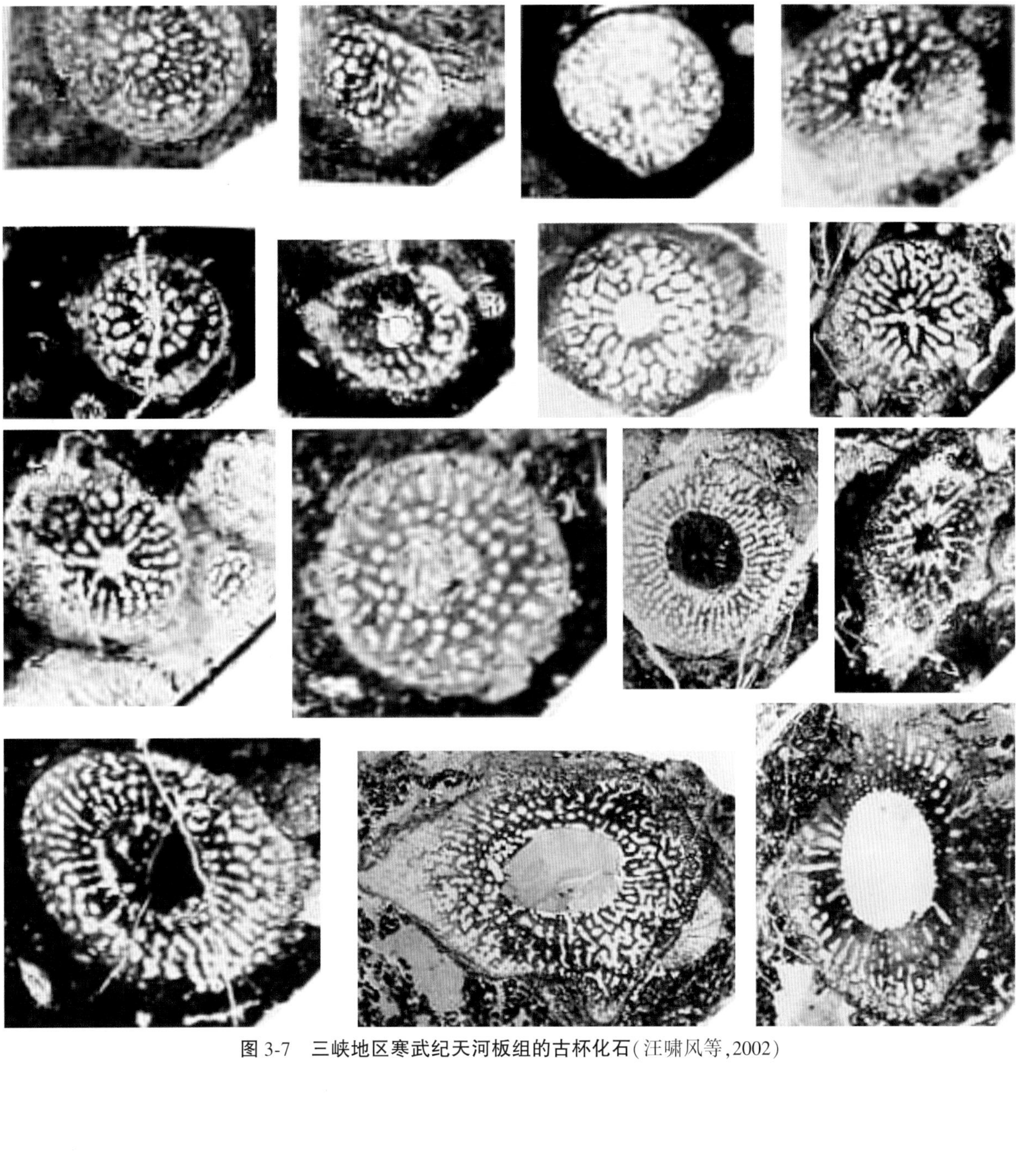

图3-7　三峡地区寒武纪天河板组的古杯化石（汪啸风等，2002）

珊瑚化石
◎张雄华

知识链接

珊瑚属腔肠动物门(Coelenterata)的珊瑚纲(Anthozoa),广义上的“珊瑚”不是一个单一的生物,它是由众多珊瑚虫及其分泌物形成的骸骨构成的组合体。我们日常见的珊瑚一般是珊瑚虫在生长过程中通过捕食海洋中的浮游生物,并吸收海水中的钙和二氧化碳,按照珊瑚虫软体组织的形态和微细结构有规律地分泌形成的骨骼构造。

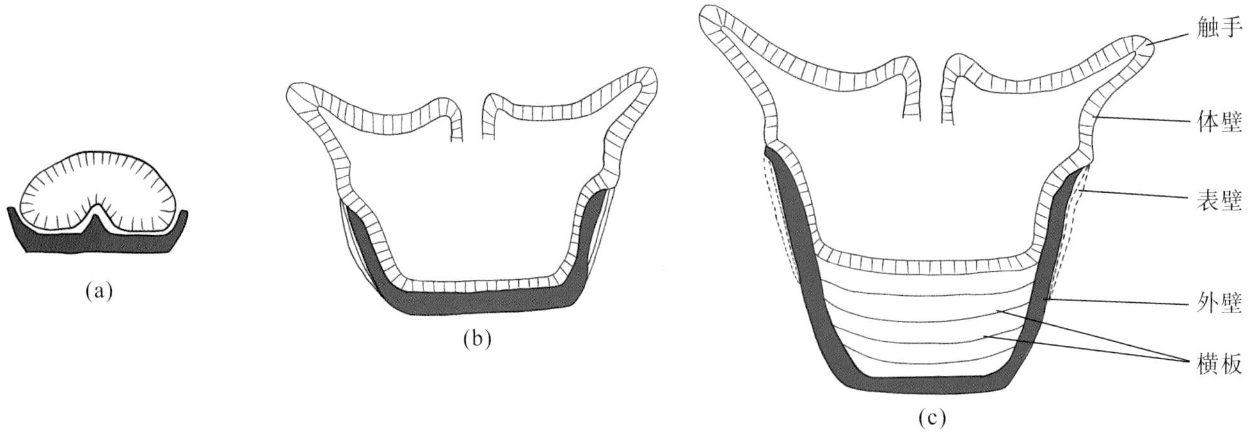

图 3-8　珊瑚骨骼的形成过程

a. 固着不久的幼虫，基部分泌钙质底盘；b. 底盘边缘生长外壁；c. 随着珊瑚虫上移，底部分泌横板支持软体。（据童金南等，2007）

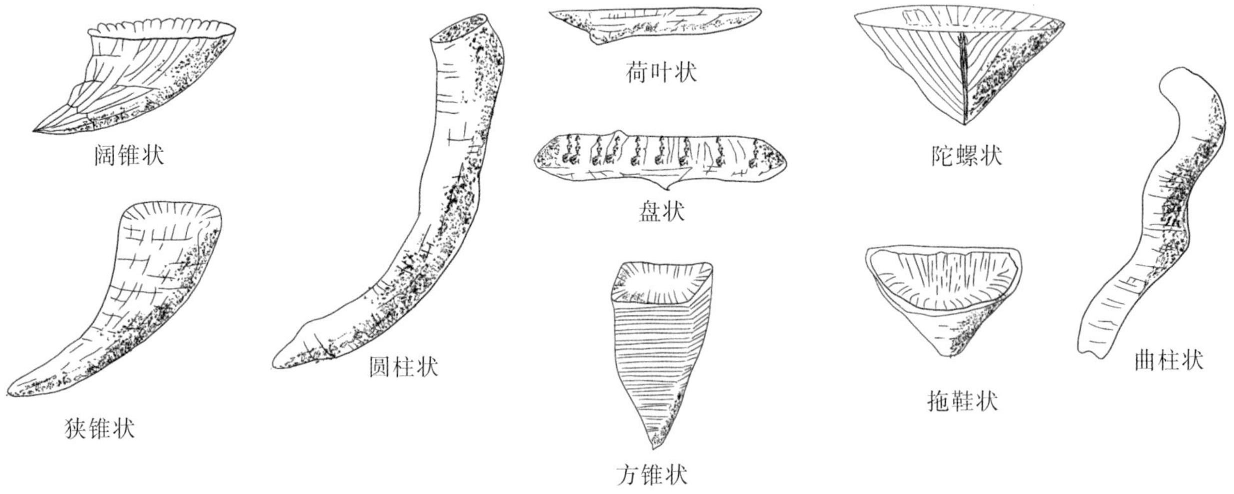

图 3-9　四射珊瑚单体外形

知识链接

四射珊瑚最早出现在中奥陶世，主要为构造比较简单的、只有隔壁和横板，缺乏边缘构造和轴部构造的扭心珊瑚类以及发育泡沫板、无鳞板和轴部构造的泡沫珊瑚类（图 3-8、图 3-9）。珊瑚化石在推断古代环境上有很大的作用——珊瑚的生长与海水的温度、盐度、深度、光线、底质、浑浊度、海水的扰动、洋流等都有关系（图 3-10）。

图 3-10　晚泥盆世—早石炭世珊瑚礁生物群落复原图(据 Suttner et al.,2016)

湖北的珊瑚——宜昌王家湾志留纪罗惹坪组横板珊瑚和日射珊瑚

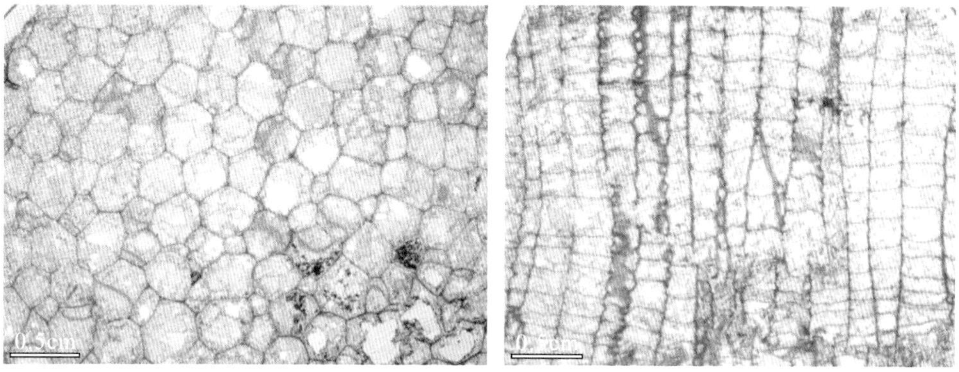

图 **3-11**　四川古巢珊瑚(***Paleofavosites sichuanensis*** **Kim**)

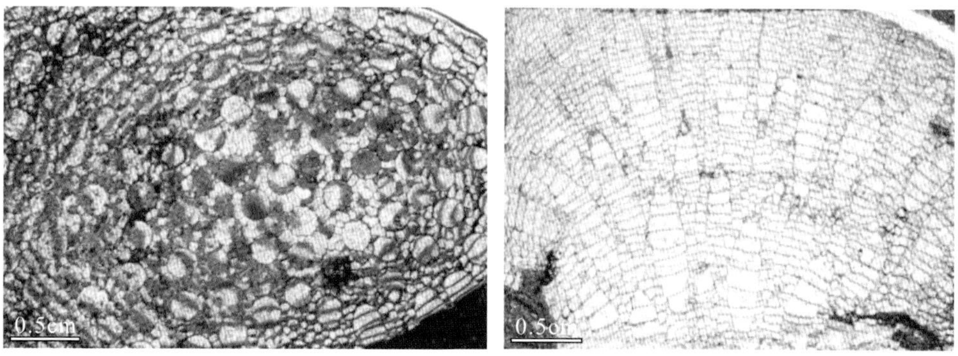

图 **3-12**　湖北似日射珊瑚(***Heliolitella hubeiensis*** **Xiong**)

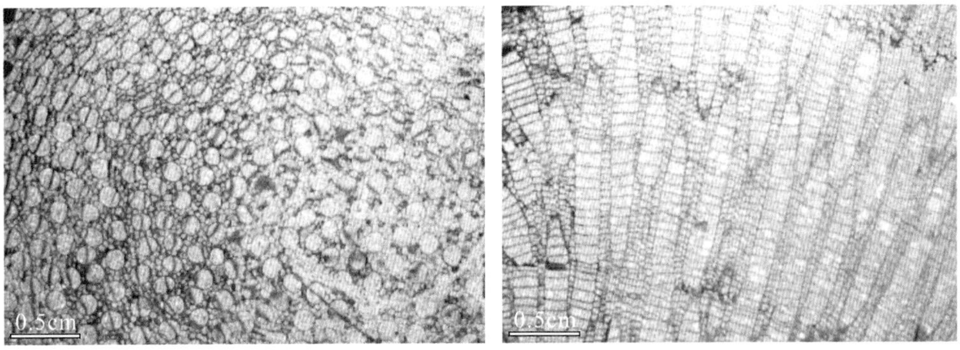

图 3-13　萨拉伊尔日射珊瑚(*Heliolites salairicus* Tchernychev)

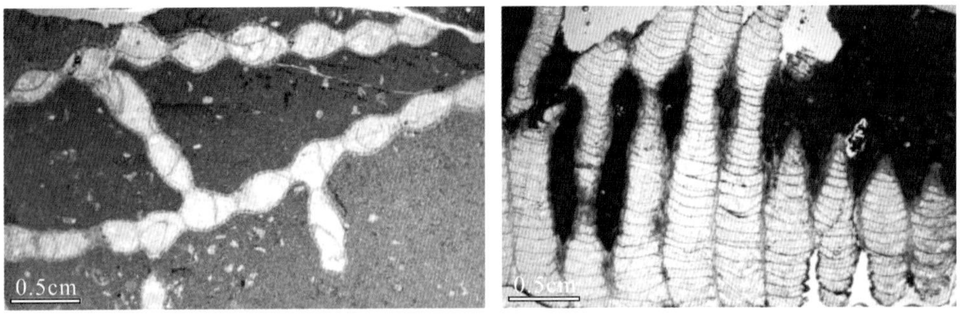

图 3-14　罗惹坪链珊瑚(*Catenipora luorepingensis*)

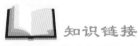

知识链接

湖北最早的珊瑚化石见于志留纪早期(图 3-11～图 3-14),四射珊瑚及横板珊瑚非常繁盛,泥盆纪有少量分布,早石炭世局部发育,晚石炭世至二叠纪非常发育。志留纪珊瑚主要出现在早志留世罗惹坪组,以宜昌市王家湾至马鞍山风子口志留纪剖面出露最好,珊瑚产在该组灰岩和泥灰岩层中。

湖北的珊瑚——石炭纪的四射珊瑚

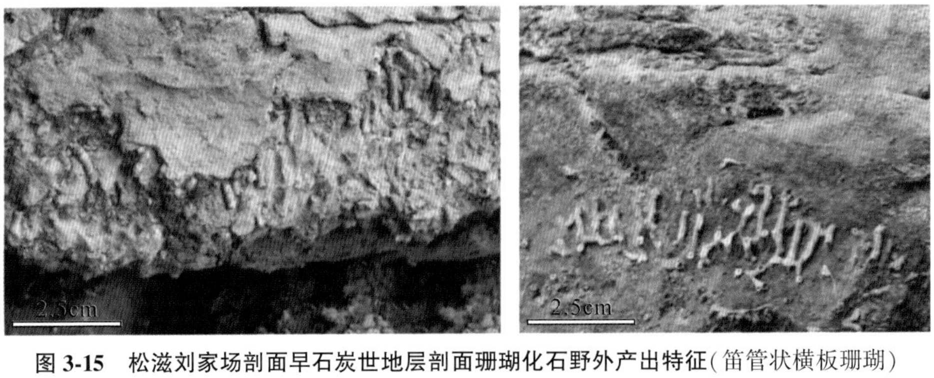

图 3-15　松滋刘家场剖面早石炭世地层剖面珊瑚化石野外产出特征(笛管状横板珊瑚)

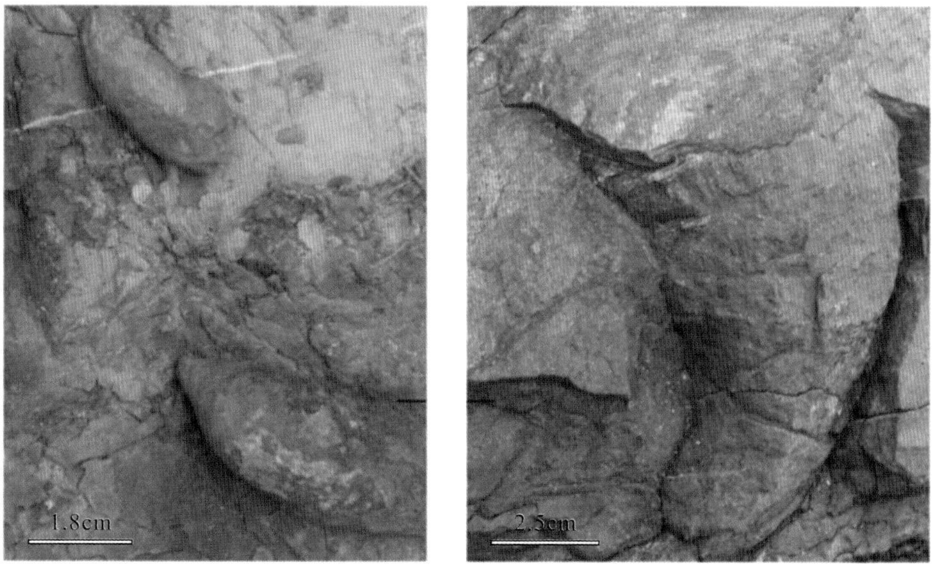

图 3-16　松滋刘家场剖面早石炭世地层剖面珊瑚化石野外产出特征(弯锥状四射珊瑚)

知识链接

湖北早石炭世是四射珊瑚的重要繁盛期,个体大,隔壁多,很多发育轴部构造。湖北境内发育珊瑚化石的石炭系代表性剖面为松滋市刘家场剖面和郧西县范家坪剖面;其中刘家场剖面珊瑚化石具有典型华南区特征(图 3-15~图 3-17),郧西珊瑚可能兼具华南区与华北区的特征。

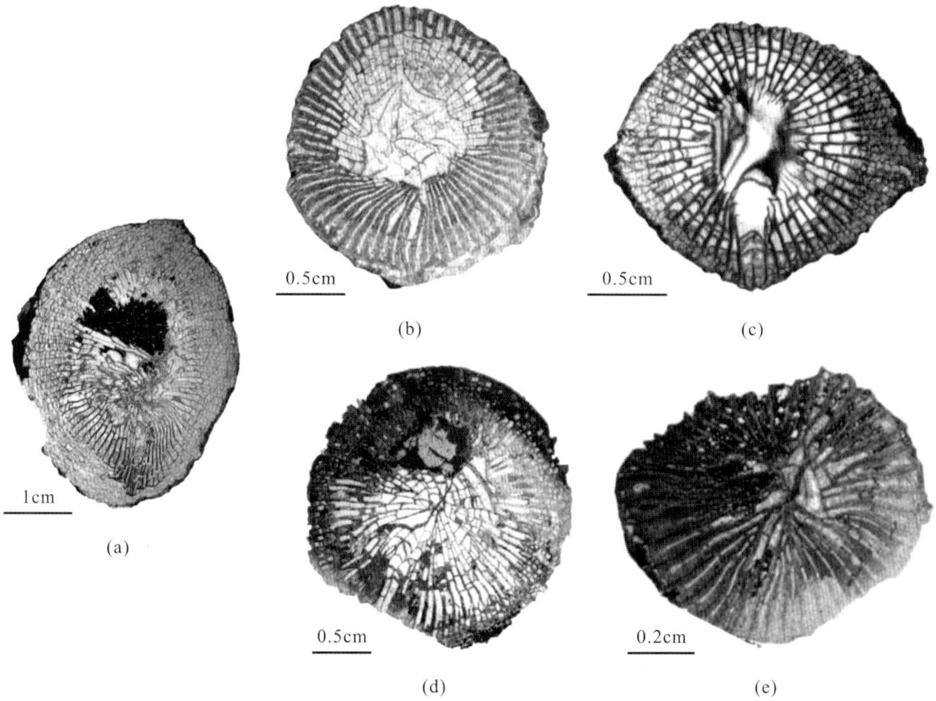

图 3-17　湖北松滋刘家场早石炭世大塘期四射珊瑚

a. *Kueichouphyllum*(贵州珊瑚);b, d. *Yuanophyllum*(袁氏珊瑚);c. *Pseudozaphrentoides*(假似内沟珊瑚);e. *Ekvasophyllum*(爱克伐斯珊瑚)。

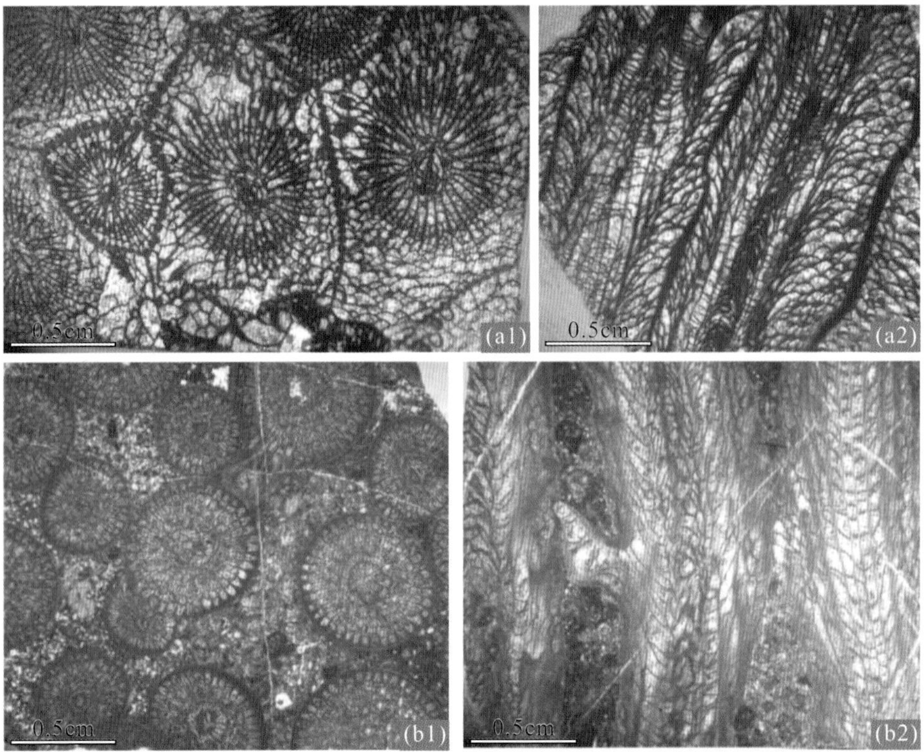

图 3-18　湖北二叠纪常见的复体四射珊瑚

a. *Wentzellophyllum*(拟文采尔珊瑚):a1. 横切面,a2. 纵切面;B. *Waagenophyllum*(卫根珊瑚):b1. 横切面,b2. 纵切面。

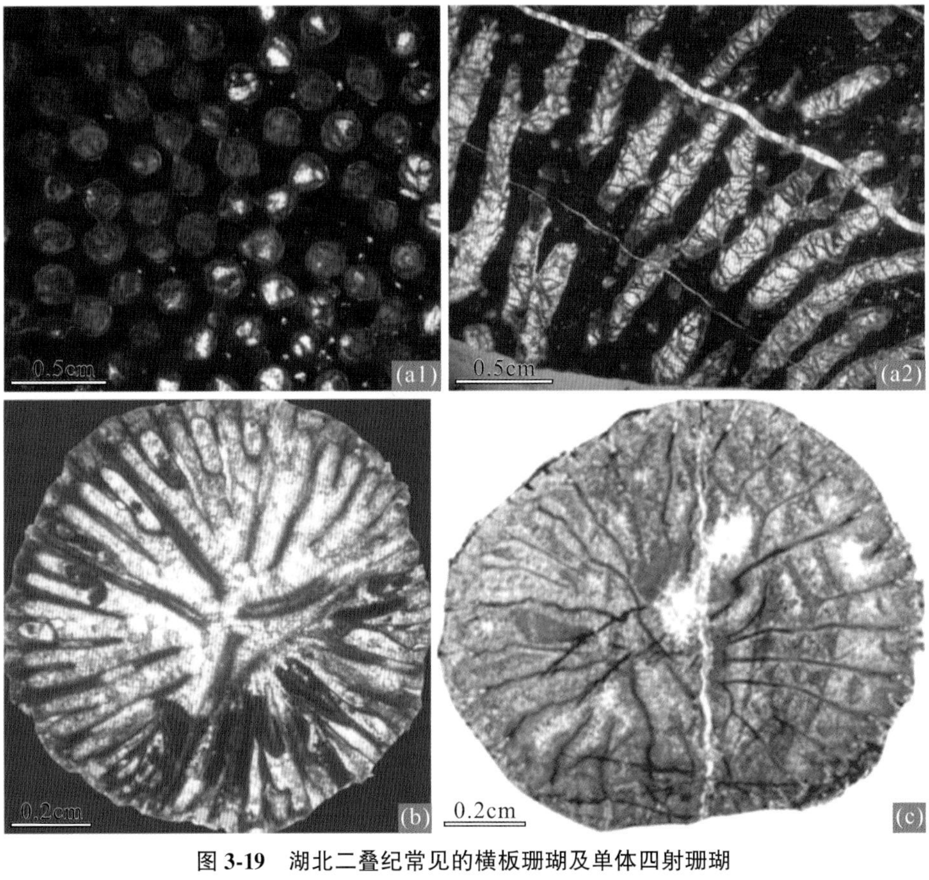

图 3-19　湖北二叠纪常见的横板珊瑚及单体四射珊瑚

a. *Hayasakaia* (早坂珊瑚):a1. 横切面,a2. 纵切面;b. *Tachylasma*(速壁珊瑚);c. *Paracaninia*(拟犬齿珊瑚)。

知识链接

二叠纪海相碳酸盐岩在湖北普遍分布，在中二叠世栖霞组、茅口组和晚二叠世吴家坪组中都产有珊瑚化石（图 3-18、图 3-19）；其中中二叠世的四射珊瑚非常发育，是四射珊瑚的重要繁盛期，最具代表性的是一些复体珊瑚，具有重要的地层意义（图 3-20、图 3-21）。

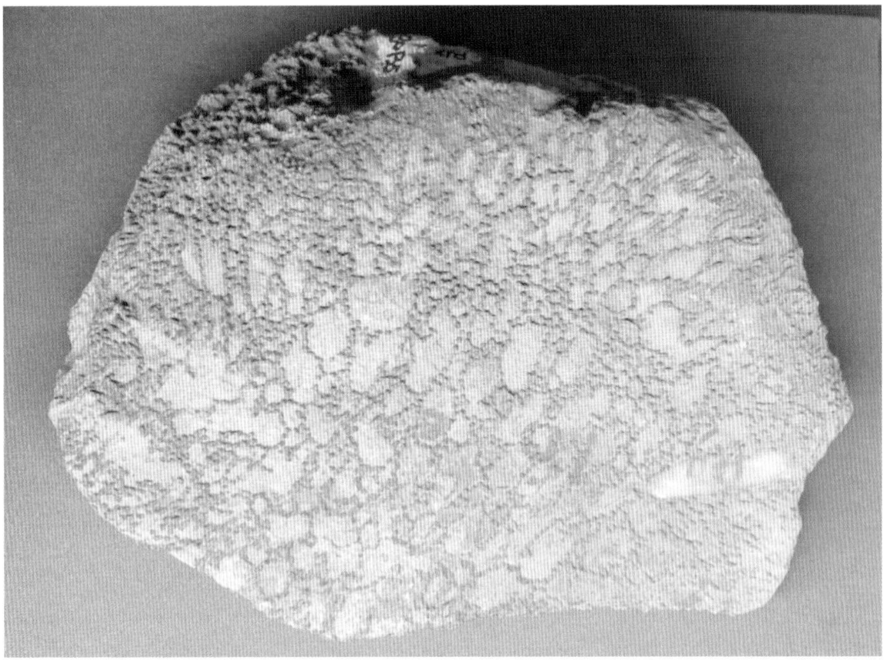

图 3-20 笛管珊瑚（产于松滋刘家场早石炭世和州组）

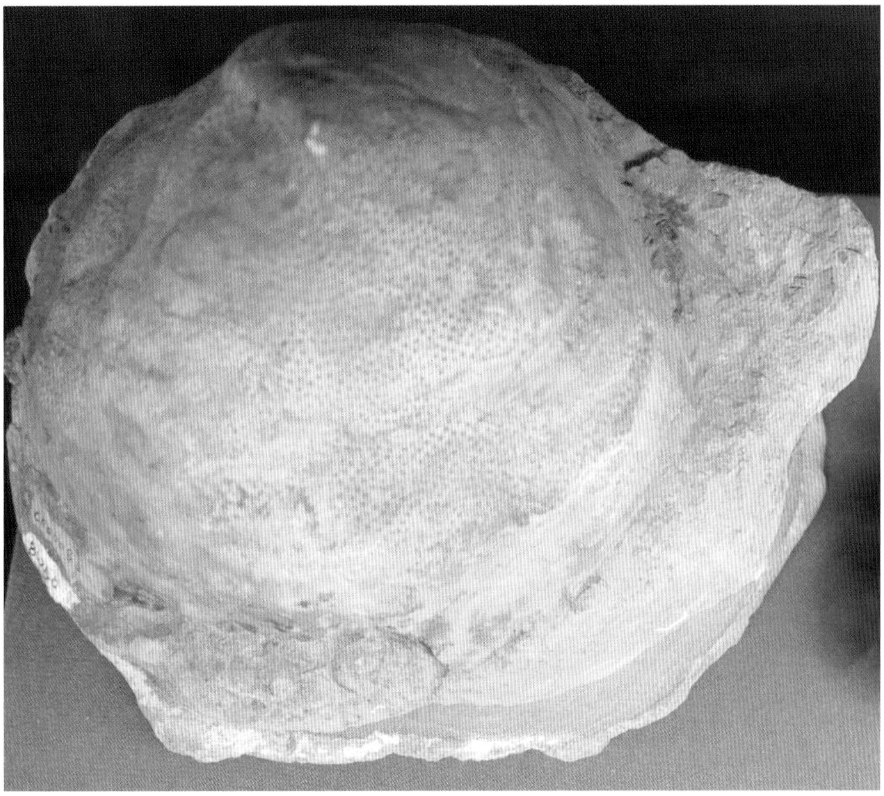

图 3-21 蜂巢珊瑚（产于宜昌军田坝早志留世罗惹坪组）

苔虫动物化石

◎夏凤生　马俊业

知识链接

苔虫(过去多译为苔藓虫)动物(Bryozoa)是无脊椎动物中的重要门类,属于原口动物(Protostomia)。这类动物除极个别为单体外,几乎都为群体(图 3-22)。群体(colony)由无数个很小的最基本的单位——似珊瑚虫的个虫(zooid)组成,群体的坚硬部分称为硬体(zoarium)。

图 3-22 现代苔虫动物外貌

知识链接

由于苔虫中的一些群体，又酷似纤细的苔状水草，故最早译名为苔藓动物(bryozoans)，俗名苔藓虫，又名苔虫动物(moss animals)，简称苔虫，但不能妄称苔藓，因为后者是植物。若根据肛门的位置，可将苔虫动物分为两类：内肛动物(Entoprocta)和外肛动物(Ectoprocta)，前者肛门在触手环内，后者肛门在触手环外。因为内肛动物一般不易保存化石，外肛动物都有钙质骨骼，易保存化石，所以化石苔虫动物实际上都是外肛动物(图3-23、图3-24)。苔虫动物为群生生物，由无数个个虫组成一个群体(图3-23)。个虫的前段或末端，为围绕口或口部纤细的、带有纤毛的触手环。触手环底部正下方有一个小小的神经节。没有呼吸、循环器官，一般也没有排泄器官(图3-24、图3-25)。

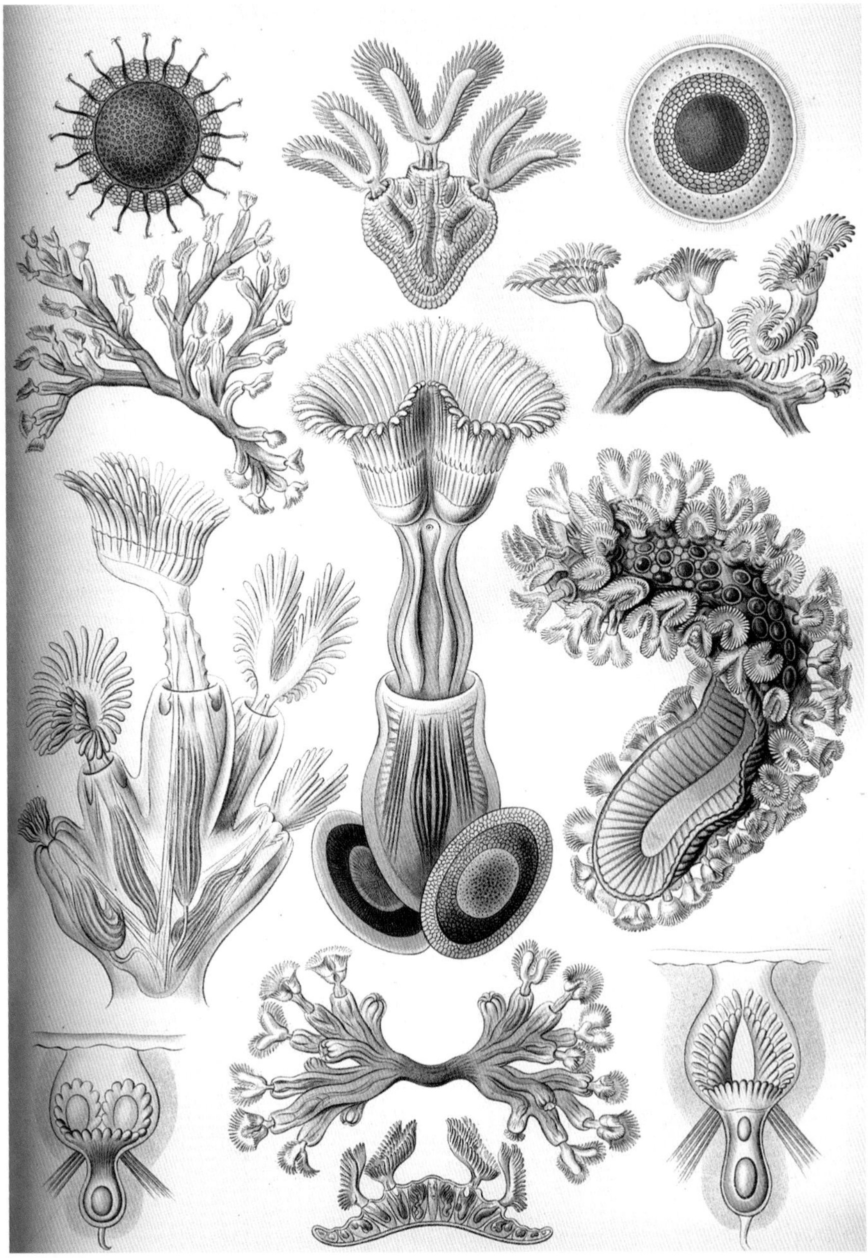

图3-23　苔虫动物不同形态复原(据Boardman et al，1983整理)

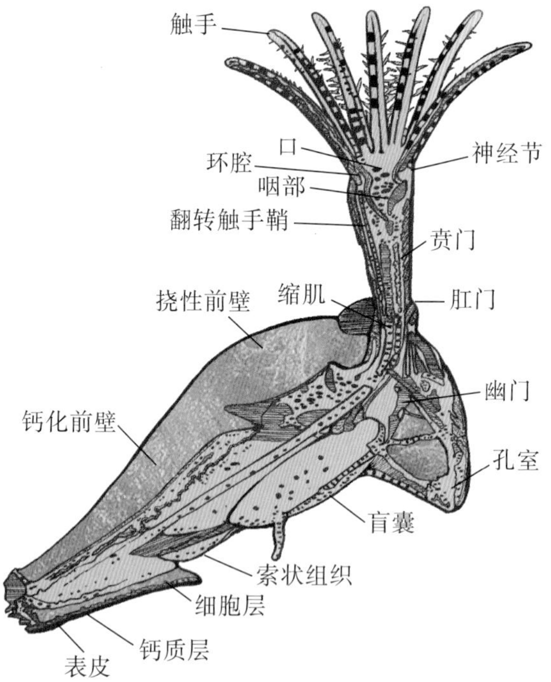

图 3-24　宽唇纲苔虫触手冠伸出时的个虫形态构造示意图

(资料来源:Boardman et al. ,1983)

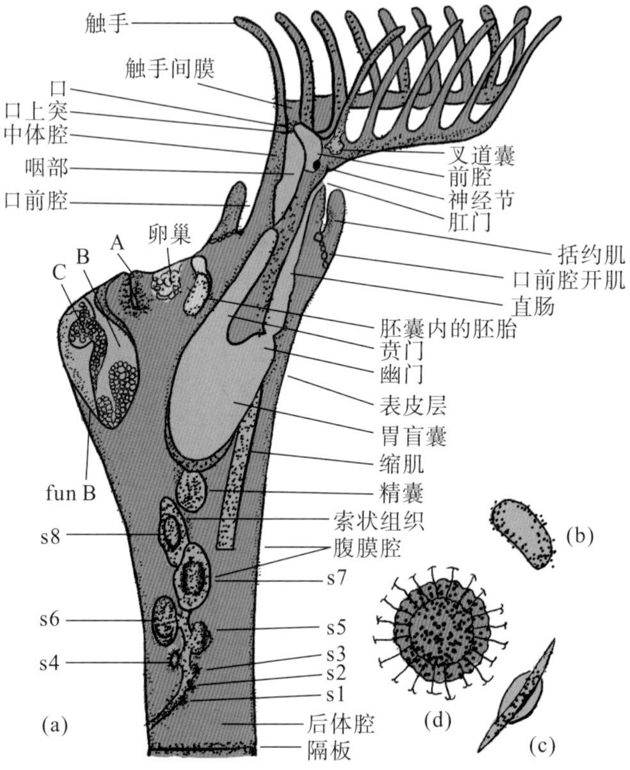

图 3-25　被唇纲苔虫个虫的形态构造示意图(引自 Ryland,1970)

a. 被唇纲苔虫一个普通个虫的纵切面,显示新虫体芽体由 A、B 和 C 发育而成;b. 弗雷苔虫(*Fredericella*)的固着休眠芽;c. 冠苔虫(*Lophopus*)的漂浮休眠芽;d. 鸡冠苔虫(*Cristatella*)的带刺的休眠芽;A. 芽体;B. 主芽体;C. 双芽体;fun B. 主芽体的索状组织;s1~s8. 休眠芽发育系列,除 s7 横切面外,其他均为纵切面

图 3-26　宜昌市陈家河下奥陶统分乡组苔虫标本

a. 枝状群体；b. 球状或半球状群体

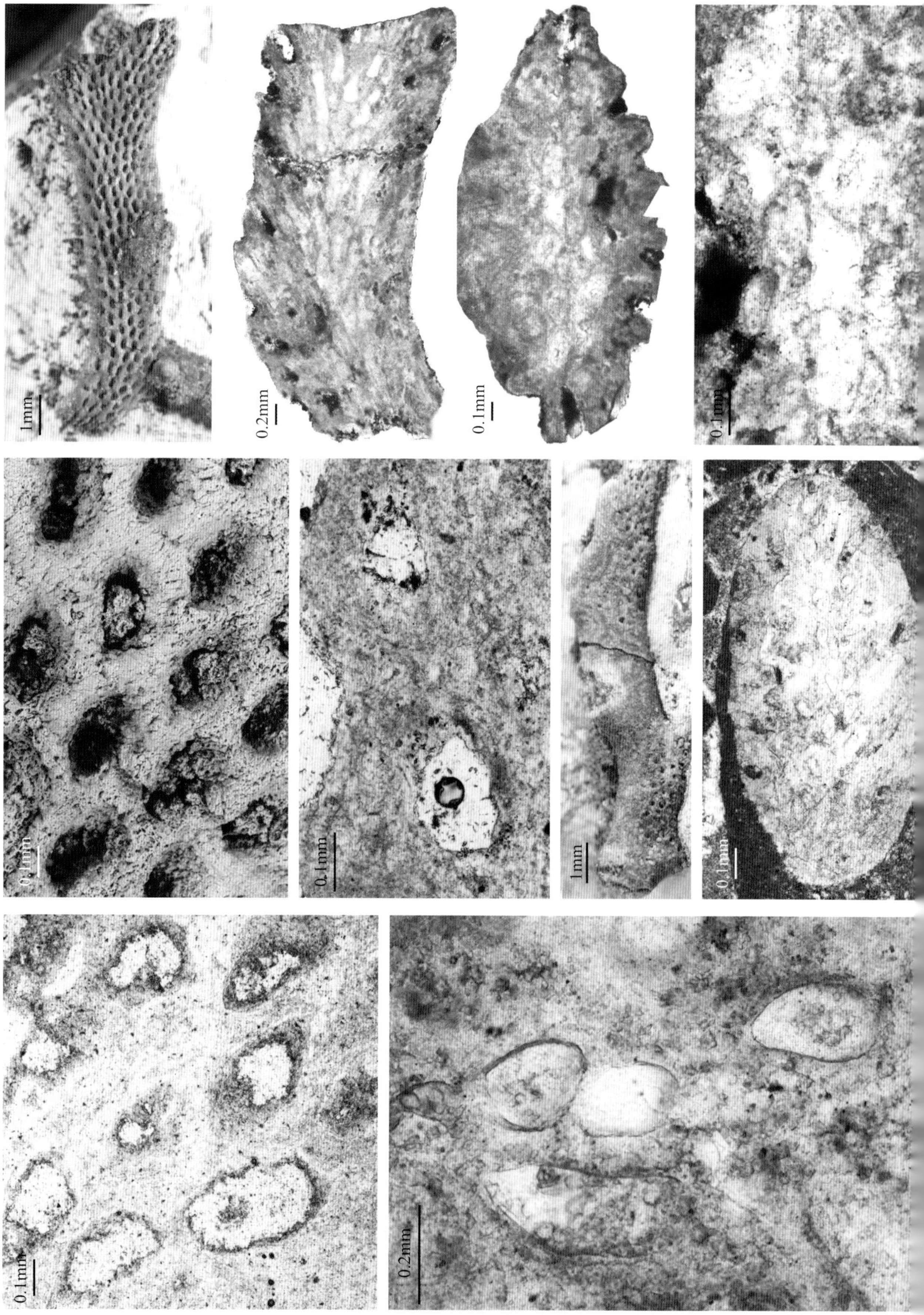

图 **3-27** 松滋刘家场南津关组露头剖面产出的迄今已知全球最古老的苔虫

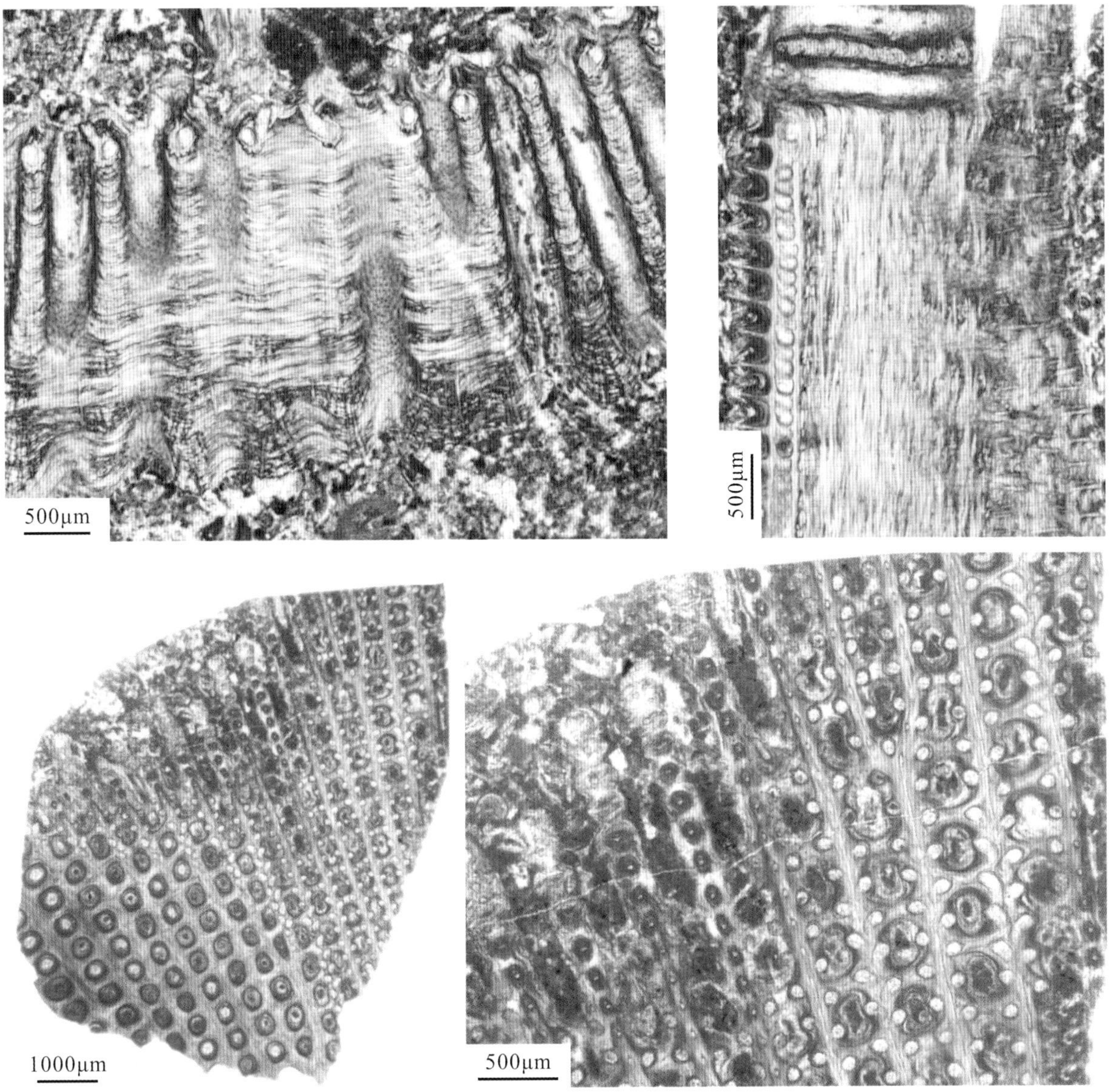

图 3-28　具有巨厚后底壁外细片层骨骼的四川窗格苔虫

（产自大冶市西畈李，中二叠世茅口组）

知识链接

湖北的苔虫化石非常丰富，除宜昌和松滋地区近期发现丰富的古生代早期的、特别是已知全球最老的苔虫外，其他地区的古生代晚期地层中也有不少发现，它们主要分布在鄂东、鄂西和鄂西南的中二叠世栖霞组和茅口组，极个别的可能向上延伸至晚二叠世长兴组内（图 3-26 ~ 图 3-28），特别是阿拉斯苔虫（*Araxopora*）及其形影相随的具有巨厚后底壁外细片层骨骼的十分奇特的物种——四川窗格苔虫（*Fenestella sichuanensis*），它们是中特提斯海区比较重要的成员。

腕足类化石

◎何卫红

知识链接

腕足类是一种具有2瓣壳的海洋无脊椎动物。腕足类形态各异，有飞燕形、圆形、方形、扇形等（图3-29）。大部分腕足类在2.5亿年前已经绝灭，少数幸存到现代，如“海豆芽”（图3-30）。腕足动物分为硬体和软体两部分，硬体主要起保护作用，软体主要包括滤食构造纤毛腕以及心、肠胃等内脏（图3-31）。

图3-29　腕足类的形态特征

图3-30　现代的腕足类“海豆芽”（*Lingula*）

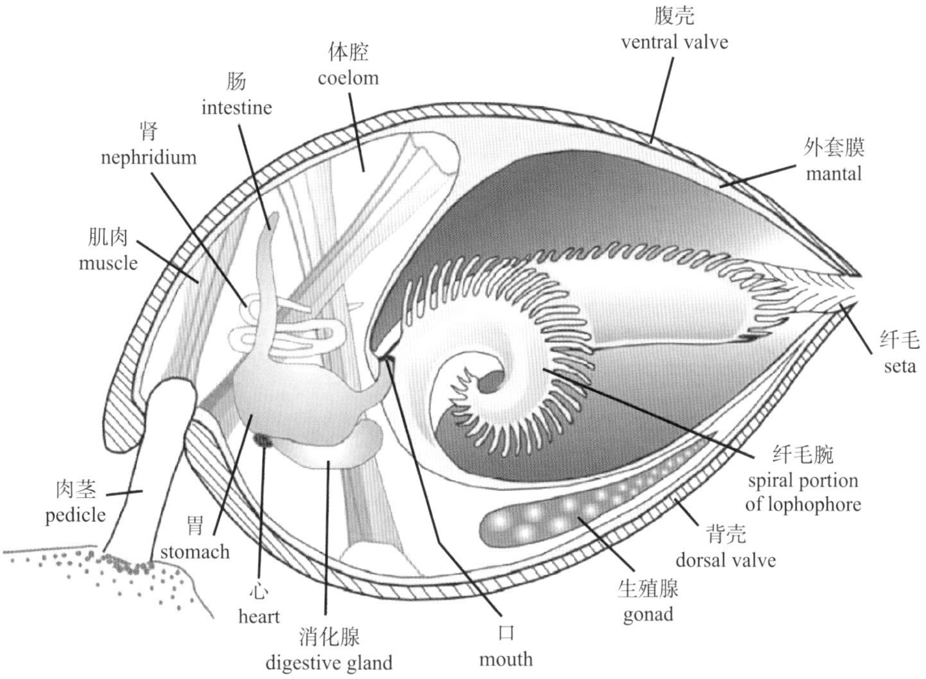

图 **3-31**　腕足类硬体和软体的基本结构(据 **Ricardo C. Neves, 2007**)

知识链接

湖北最有名的腕足化石是宜昌、远安等地的赫南特贝(*Hirnantia*)(图 3-32~图 3-36)。赫南特贝化石产出于奥陶系最顶部“赫南特阶”,属奥陶纪末期,是显生宙以来第二次生物大绝灭的见证。标志着气候变冷的“赫南特动物群(Hirnantia Fauna)”在湖北分布广泛。

图 **3-32**　辛奈贝(***Kinnella***)背壳内膜产自宜昌王家湾剖面五峰组观音桥段(赫南特阶中部)

图 3-33　赫南特贝(*Hirnantia*)腹壳内膜,产自宜昌王家湾剖面五峰组观音桥段(赫南特阶中部)

图 3-34　欣德贝(*Hindella*)腹壳内膜,产自宜昌王家湾剖面五峰组观音桥段(赫南特阶中部)

知识链接

腕足类大多数生活于50~200m深的浅海底部，一般固着在岩石或者沉积物表面，少数腕足类生活于滨海或者数千米深的海底。腕足类通过肉茎固着，通过肌肉收缩将两壳打开或者关闭。腕足类化石大部分分布在古生代，其中奥陶纪、泥盆纪和二叠纪多次达到鼎盛。天有不测风云，物有旦夕祸福，在经历了几度繁盛之后，先后于奥陶纪末、晚泥盆世末和二叠纪末期，腕足类发生大规模绝灭事件。

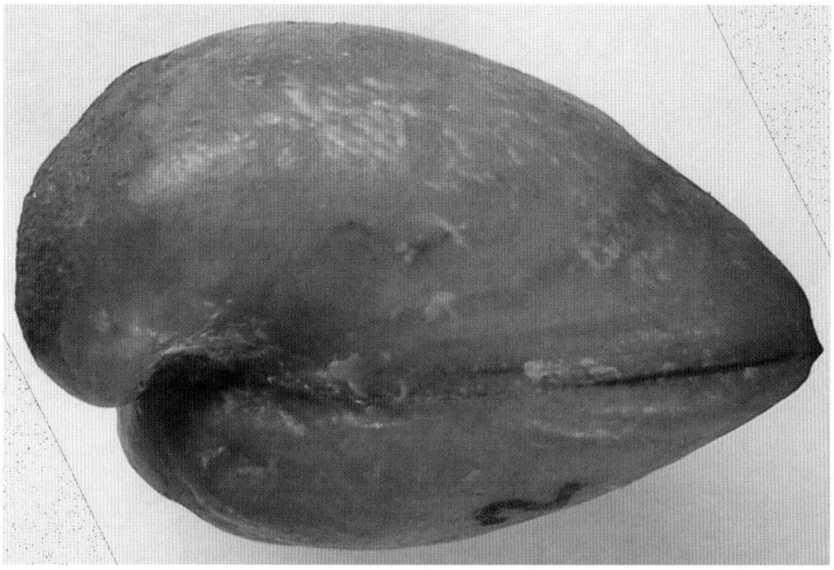

图 3-35　中褶贝（*Centreplicatus*），产自宜昌军田坝兰多维列统罗惹坪组

图 3-36　槽五房贝（*Sulcipentamerus*），产自宜昌龚家冲兰多维列统罗惹坪组

双壳类化石

◎童金南

知识链接

顾名思义，双壳类（bivalves）指的是包含有两个壳体的生物。不同于腕足类、介形虫、叶肢介等其他有两个壳体的生物，双壳类还有三个别名则是对其关键特征的重要补充，一个是瓣鳃类（lamellibranchiates），即它们两个壳体内部包裹有成对的瓣状鳃，作为双壳类特有的呼吸和滤食器官；另一个是斧足类（pelecypods），即在其身体前腹部具有一个活动能力非常强的斧头状的肉足，主要用于挖泥运动；还有一个是无头类（acephales），即它没有明显的头部（相对于其他软体动物，如腹足类）（图 3-37～图 3-39）。双壳动物的现生代表如河蚌、竹蛏、壳菜蛤、牡蛎等贝类。

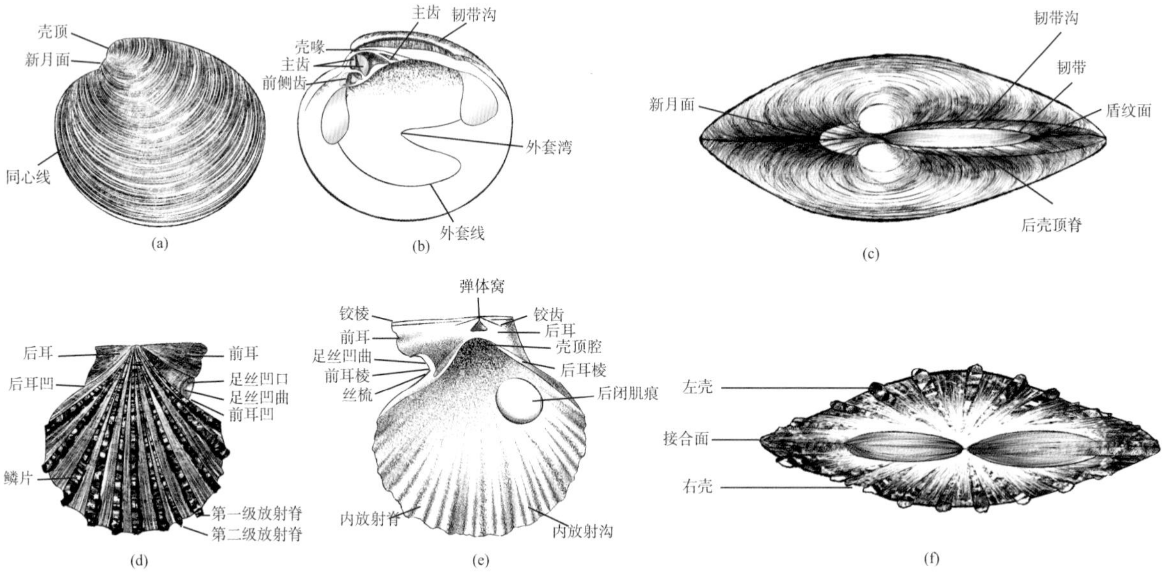

图 3-37　从不同视角解析双壳类壳体的基本结构图（据顾知微，1976）

a～c. 镜蛤（*Dosina*）：a. 左侧视，b. 左内视，c. 背视；d～f. 栉孔扇贝（*Chlamys*）：d. 右侧视，e. 右内视，f. 顶视

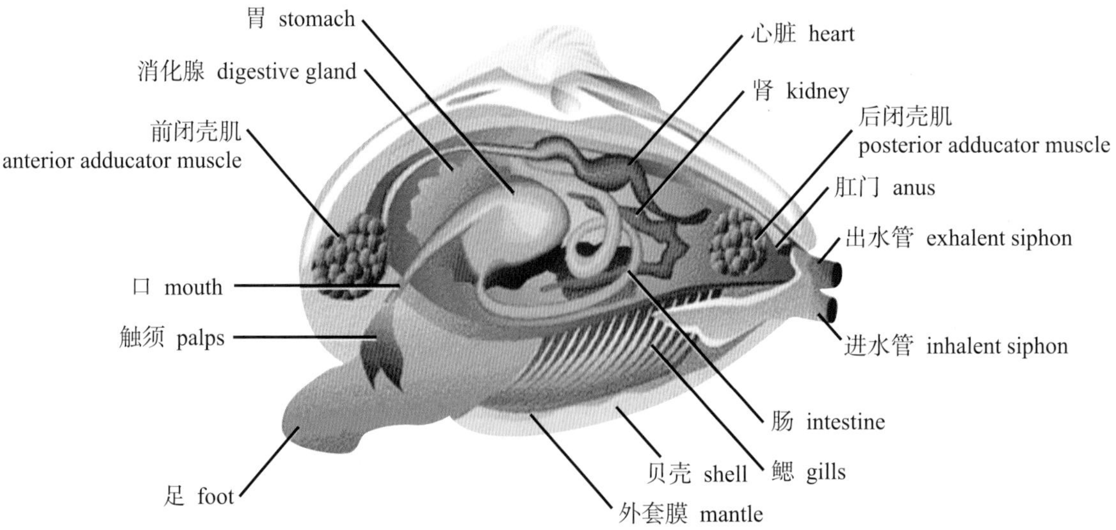

图 3-38　双壳动物身体结构示意图

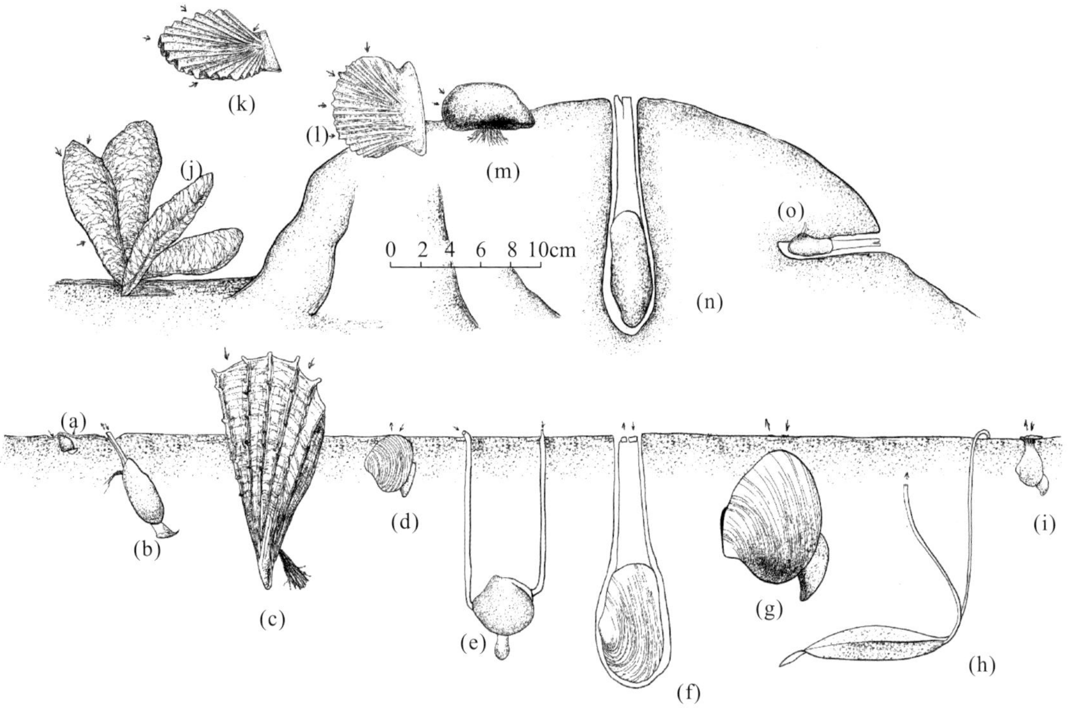

图 3-39　双壳类动物生活方式示意图

a～i. 泥底内栖生活：a. *Nucula*，b. *Yoldia*，c. *Pinna*（足丝固着），d. *Astarta*，e. *Phacoides*，f. *Mya*，g. *Mercenaria*，h. *Tellina*，i. *Cuspidaria*；j～m. 表生底栖生活：j. *Crassostrea*（壳瓣固着），k. *Pinctada*（足丝固着），l. *Mytilus*（足丝固着），m. *Pecten*（短暂游泳）；n，o：钻孔生活：n. *Pholas*，o. *Hiatella*

知识链接

双壳类在古生代海洋生态系统中的位置虽不及腕足类，但其在各时代的地层中均有分布；湖北较为有名如产自咸丰县忠堡寒武系纽芬兰统天河板组的椭圆咸丰蛤（*Xianfengoconcha elliptica*）、宣恩县河口下志留统宣恩美铰蛤（*Cypricardinia xuanenensis*）、建始县磺厂坪上二叠统大隆组湖北变带蛤（*Wilkingia hubeiensis*）（图 3-40）、利川县（今利川市）齐岳山上二叠统吴家坪组湖北并齿蚶（*Parallelodon hubeiensis*）、广济县（今武穴市）武穴荞麦塘下三叠统大冶组湖北克氏蛤（*Claraia hubeieneis*）、远安县王家冲中三叠统巴东组湖北正海扇［*Eumorphotis*（*Asoella*）*hupehica*］等。

图 3-40　湖北变带蛤（*Wilkingia hubeiensis*）

产自建始县磺厂坪，上二叠统大隆组

腹足类化石

◎童金南

知识链接

腹足类俗称为"螺蛳",也即它具有螺旋状形态特征。而从其名称"腹足"也可以大致知道其身体的"腹部"长有"足",即在身体的腹侧长有一个肌肉发达的、可行运动的肉质足(图 3-41、图 3-42)。此外,这类生物还称为有头类,以与同属软体动物的无头类(双壳类)相对照。腹足类是现生软体动物门中的最大一个类群,分布极为广泛,包括海水、半咸水、淡水和陆地都有,现生代表性蜗牛、田螺、各类海螺、宝贝等。

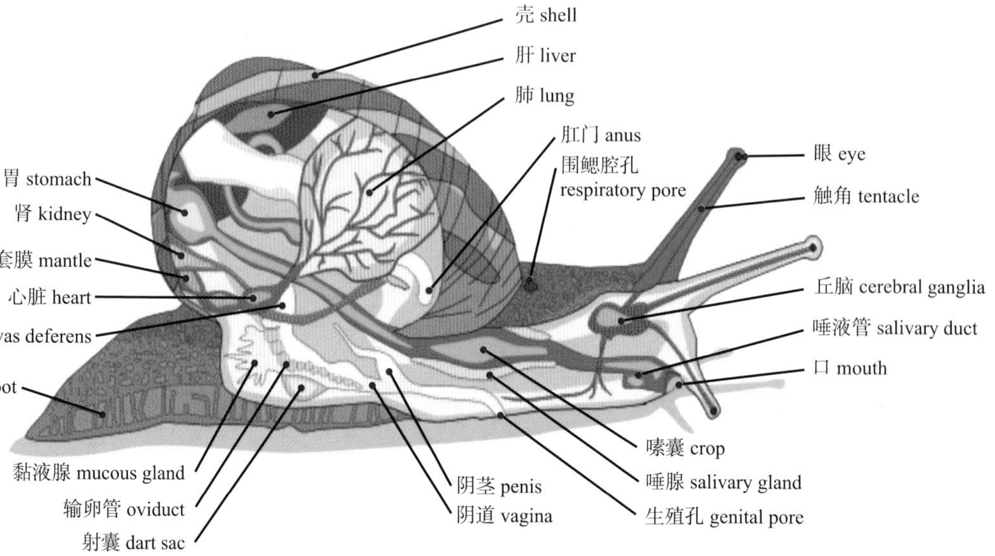

图 3-41 腹足类身体结构示意图

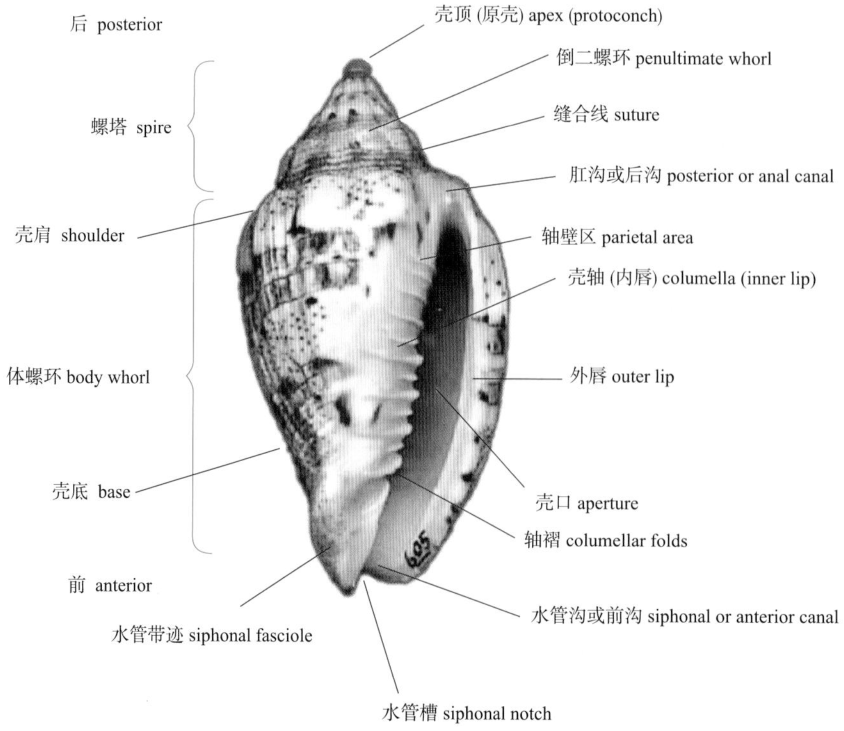

图 3-42 腹足类壳体基本构造

知识链接

湖北三峡地区寒武纪“小壳化石群”是地质历史已知最早的腹足类的化石记录，从而揭开了寒武纪生命大爆发的序幕，对有壳动物的起源与演化具有重要意义。腹足类由于有比较宽广的生态适应能力，虽然在地质演化进程中阶段性比较明显，但在地层学研究中能够作为标准化石的类别很少，因而在研究中的热度不高(图 3-43)。

湖北省产部分腹足类化石

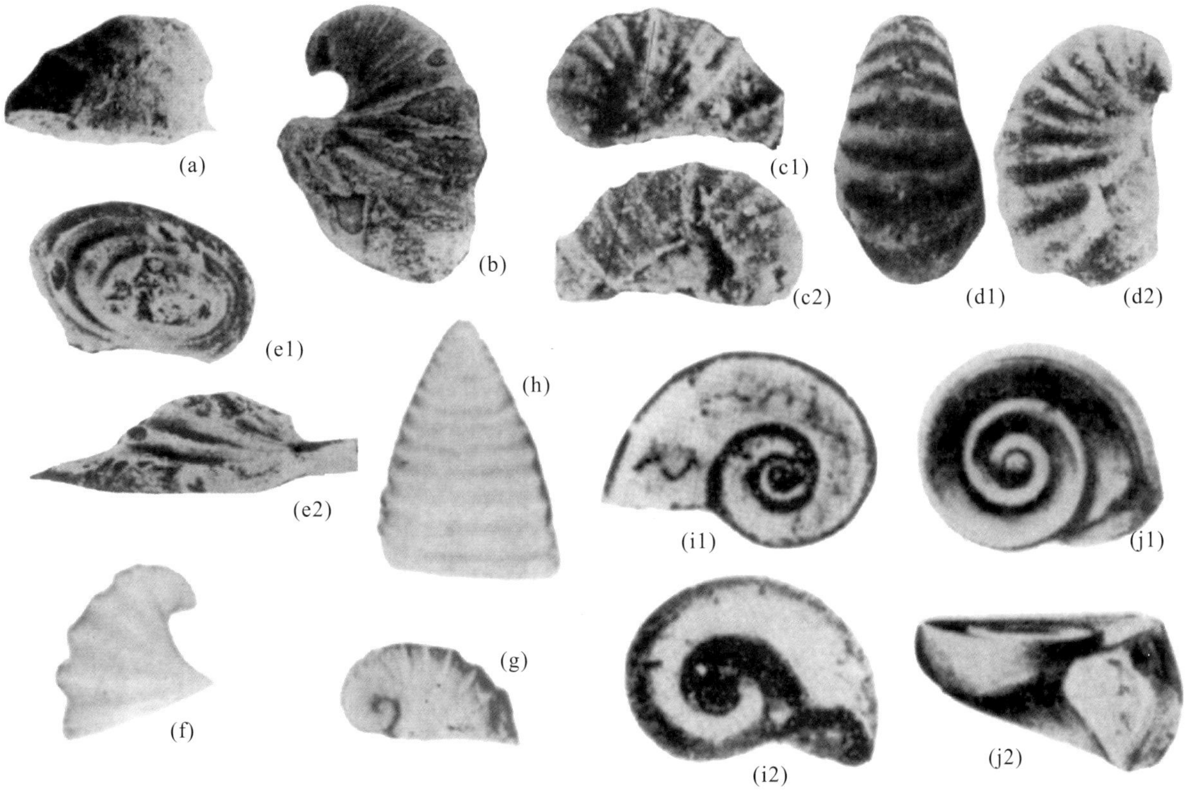

图 3-43　湖北省产部分腹足类化石

a. 简单台座螺 *Bemella simplex*，侧视，×40，宜昌黄山洞，寒武纪纽芬兰统岩家河组；b. 三峡拉氏螺 *Latouchella sanxiaensis*，侧视，×40，宜昌黄山洞，寒武纪纽芬兰统岩家河组；c. 艳饰始旋螺 *Archaeospira ornata*，1. 底视，2. 顶视，×40，宜昌石牌，寒武纪纽芬兰统岩家河组；d. 麦地坪锥 *Maidipingoconus maidipingensis*，1. 背视，2. 侧视，×25，宜昌虎井滩，寒武纪纽芬兰统岩家河组；e. 天柱山太阳女神螺 *Helcionella tianzhushanensis*，1. 顶视，2. 侧视，×6，宜昌天柱山，寒武纪纽芬兰统岩家河组；f. 美丽松林螺 *Songlinella formosa*，侧视，×4. 5，宜昌石牌松林坡，寒武纪纽芬兰统岩家河组；g. 多肋黄陵螺 *Huanglingella polycostata*，侧视，×4. 5，宜昌石牌松林坡，寒武纪纽芬兰统岩家河组；h. 赵氏高帽螺 *Tannuella chaoi*，侧视，×4. 5，宜昌石牌松林坡，寒武纪纽芬兰统岩家河组；i. 蜒螺型马氏螺 *Maclurites neritoides*，1. 顶视，2. 底视，×1. 5，宜昌市夷陵区，下奥陶统大湾组；j. 中华松旋螺 *Ecculiomphalus sinensis*，1. 顶视，2. 口视，×1. 5，秭归，下奥陶统大湾组

头足动物化石

◎孟繁松

知识链接

头足动物是软体动物门中最高级的一类，因头部发达，足着生于头部并特化为腕和漏斗，故称头足类(图 3-44)。它既包括地质时期大量繁盛的鹦鹉螺、菊石及箭石(图 3-45)，也包括现生的鹦鹉螺、章鱼、乌贼、墨鱼等。它们为海生肉食性无脊椎动物，卵生雌雄异体。地质时期湖北的头足动物化石以鹦鹉螺类、菊石类为主，箭石类则稀为少见；其中，产于湖北宜昌奥陶系地层中的喇叭角石(图 3-46)、雷氏角石(图 3-47)、中华震旦角石(图 3-48)等也是重要的化石工艺品。

鹦鹉螺都具有坚硬的外壳，因外壳表面有赤橙色火焰状的斑纹，酷似鹦鹉而得名；又因多数化石外壳的形状像牛或羊的角，故习惯上亦称角石类。由于它个体较大，最大壳体长达 9m，若连同软体及触手，估计长要超过 20m，且又能快速捕食海洋中其他无脊椎动物，所以鹦鹉螺被认为是海洋无脊椎动物中的“巨无霸”。

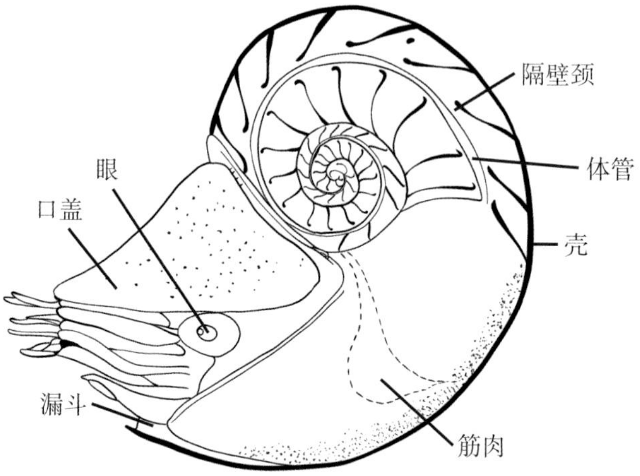

图 3-44　鹦鹉螺(头足类)内部构造

图 3-45　角石及其生存环境复原图(引自赵闯，2015)

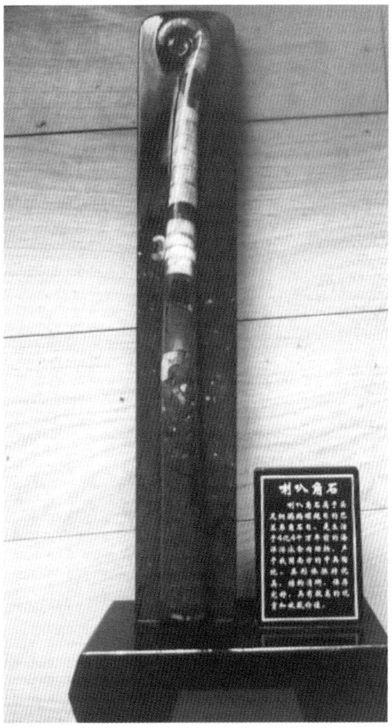

图 3-46　喇叭角石(*Lituites*)

图 3-47　雷氏角石(*Richardsonoceras*)

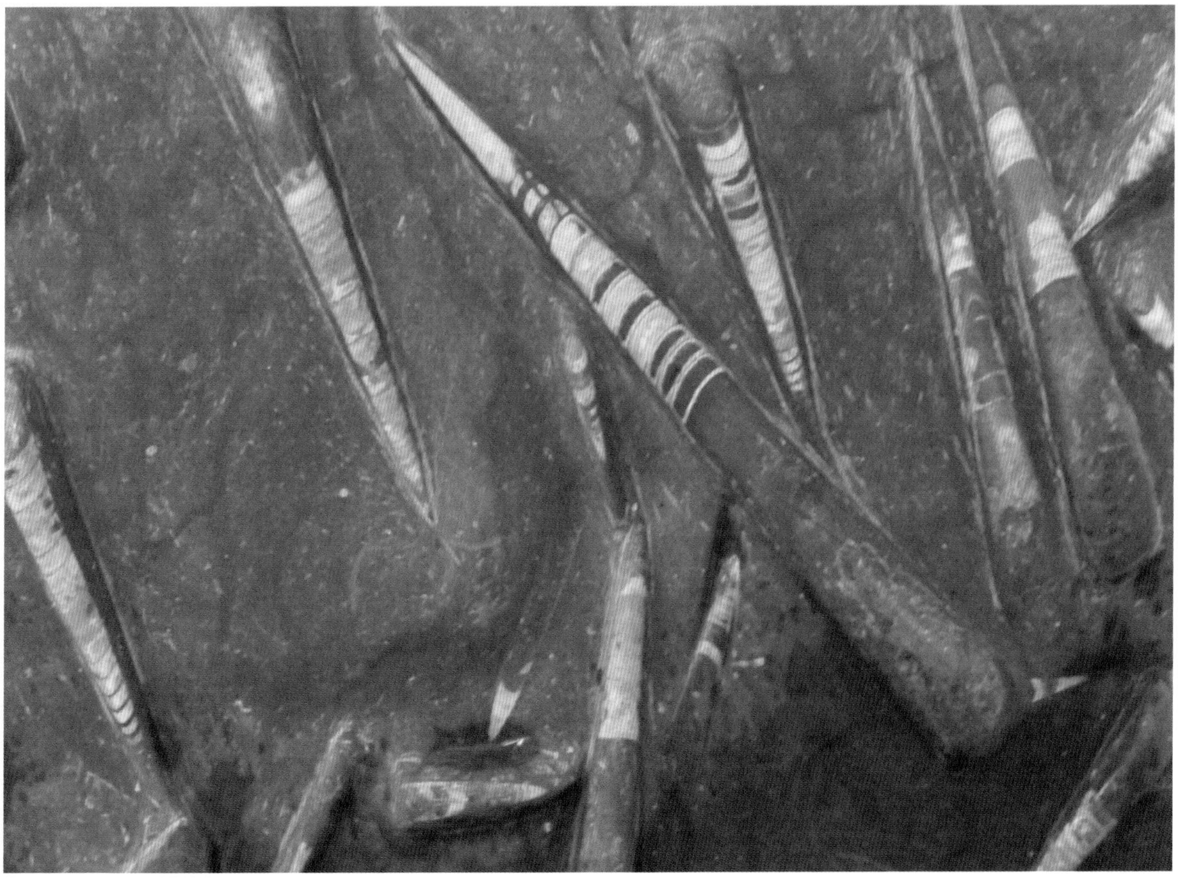

图 3-48　中华震旦角石(*Sinoceras chinense*)群

产自宜昌分乡晚奥陶世宝塔组

知识链接

角石化石在湖北奥陶纪灰岩、泥质灰岩和灰质泥岩中分布广泛，在鄂西宜昌、秭归、长阳、宜都、松滋、宣恩、咸丰和鄂东南阳新、大冶、崇阳以及鄂西北房县、南漳、宜城，还有京山等地均有发现(图3-49、图3-50)；但在志留纪至晚古生代地层中相对有所减少，仅鄂西宜昌、秭归、宣恩、鹤峰、利川等地发现少量志留纪角石和二叠纪菊石化石。

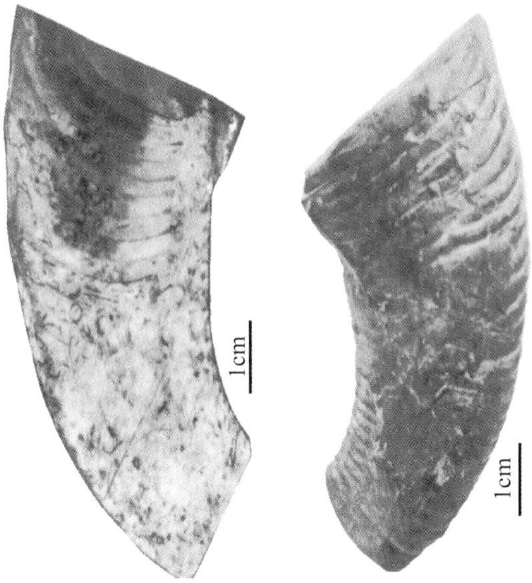

图3-49　牛角状宣恩角石(据刘贵兴,1984)
产自宣恩县晚奥陶世

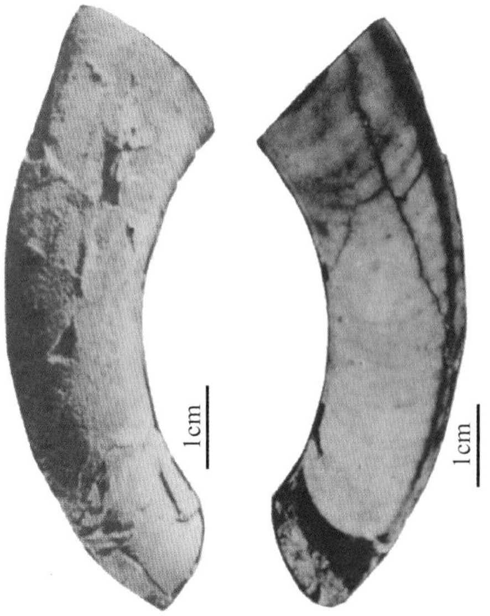

图3-50　亚洲雷氏角石
产自京山县晚奥陶世

湖北的菊石化石

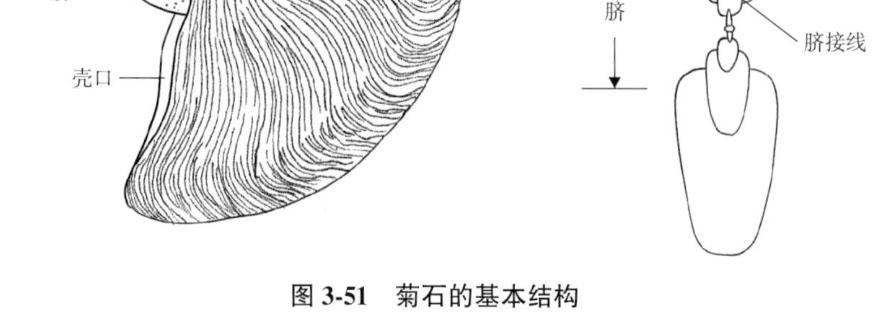

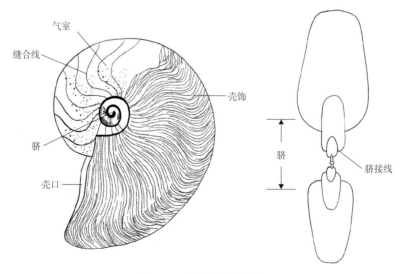

图3-51　菊石的基本结构

图 3-52　菊石在海洋中自由地游泳

知识链接

菊石是一类已经绝灭的无脊椎软体动物,由旋卷形的鹦鹉螺演化而来的,因表面通常具有类似菊花的线纹而得名(图 3-51、图 3-52)。个体大小差别很大,直径一般为几厘米至几十厘米,最大者可达 2m。它最早出现于早泥盆世(距今约 4 亿年),繁盛于中生代,到白垩纪末期(距今约 6 500 万年)突然消失。湖北省菊石广泛分布于鄂西和鄂东南大冶以及远安、荆门二叠纪至三叠纪灰岩、硅质灰岩的沉积中。(图 3-53、图 3-54)

图 3-53　建始阿尔图菊石(据陈公信,1984)
(产自建始县宝塔山中二叠世茅口组)

图 3-54　远安康尼菊石
(*Koninckites yuananensis*)

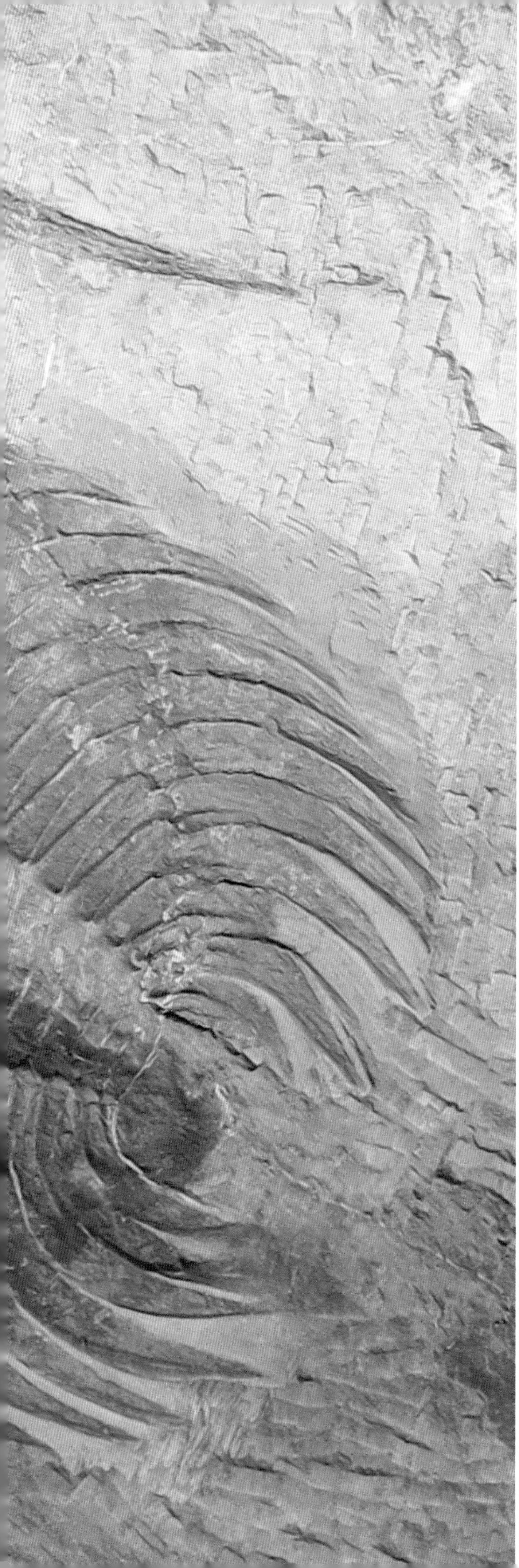

三叶虫化石

◎林启祥

知识链接

三叶虫是一类已经绝灭的节肢动物，系统位置属于节肢动物门(Arthropoda)，三叶虫纲(Trilobita)，三叶虫亚纲(Trilobitomorpha)。它仅在古生代的海洋中生活。身体扁平，全身明显地横分为头、胸、尾三部分，背侧披以坚固的甲壳，腹侧为柔软的腹膜和附肢。背甲(dorsal shield)有两条背沟(dorsal furrow)，纵向将其分为一个轴叶(axial lobe)和两个肋叶(pleural lobes)，因而得名三叶虫(图 3-55、图 3-56)。

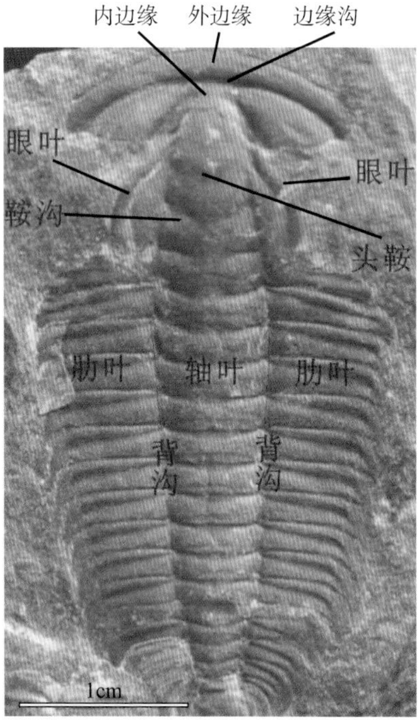

图 3-55 三叶虫背甲的形态和构造(一)

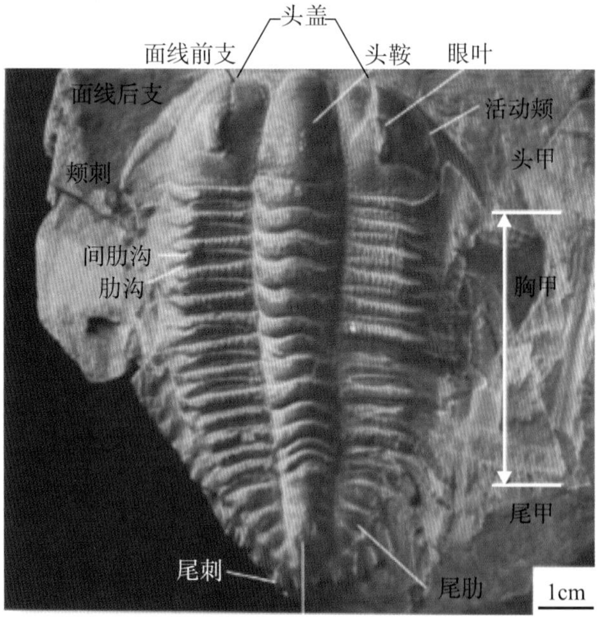

图 3-56 三叶虫背甲的形态和构造(二)

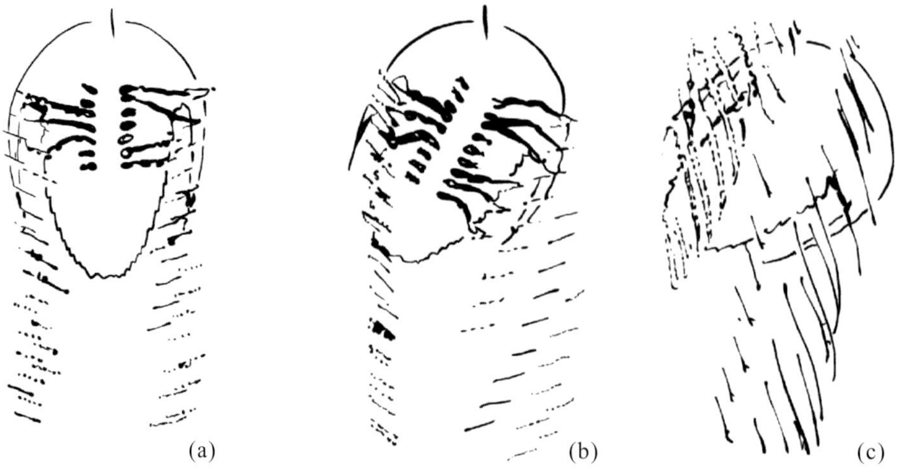

图 3-57 三叶虫沿海底各种爬行的姿态形成的不同遗迹(据 Seilacher A，1985)

a. 沿直线方向形成 *Diplochnites*；b. 略倾斜形成 *Protichnites*；c. 改变方向形成 *Dimorphichnus*

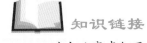

知识链接

三叶虫从寒武纪开始出现并占据占统治地位;奥陶纪仍然比较多,但是由于珊瑚、腕足类、头足类等出现并开始繁盛,三叶虫已经不占统治地位;志留纪以后急剧衰退,直到二叠纪末绝灭。他们大多底栖生活于近岸浅水,部分浮游于远洋,在地质历史中留下大量化石(图 3-57~图 3-59)。

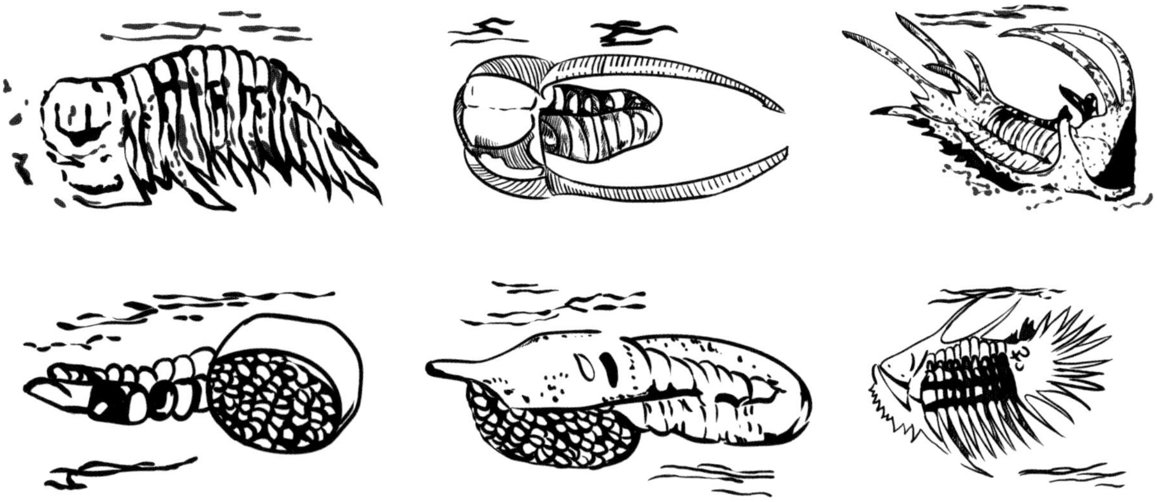

图 3-58　三叶虫的生态

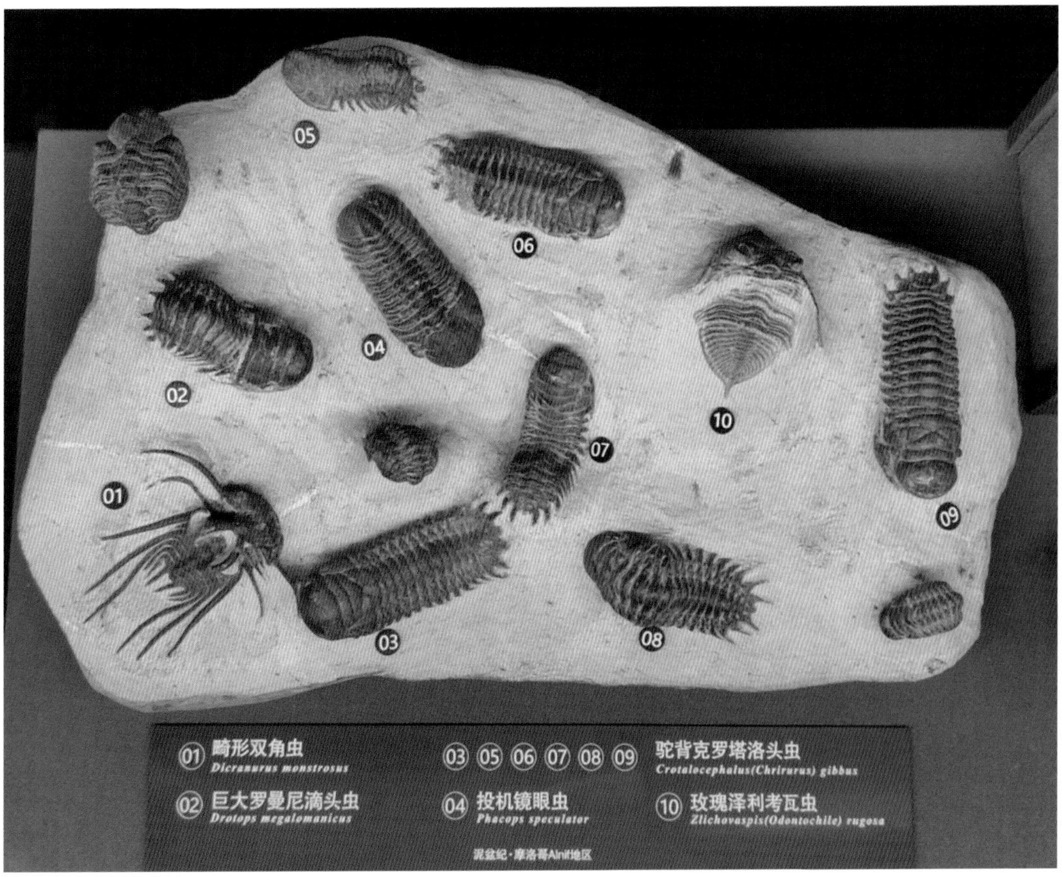

图 3-59　三叶虫生活状态(武汉地质调查中心龙化石博物馆收藏)

知识链接

三叶虫在湖北省寒武纪—志留纪岩石中分布广泛,尤其是寒武纪岩石中更为常见,在扬子区分布的三叶虫在我省都可以找到。以宜昌、恩施、十堰地区寒武纪、奥陶纪、志留纪地层较常见(图3-60~图3-63),襄阳的南漳县、宜城市,荆门的钟祥市,咸宁的崇阳县、通山县以及武汉也均有发现。另外,寒武纪—泥盆纪的砂岩中往往缺乏三叶虫实体化石,却有丰富的三叶虫遗迹化石(图3-64)。

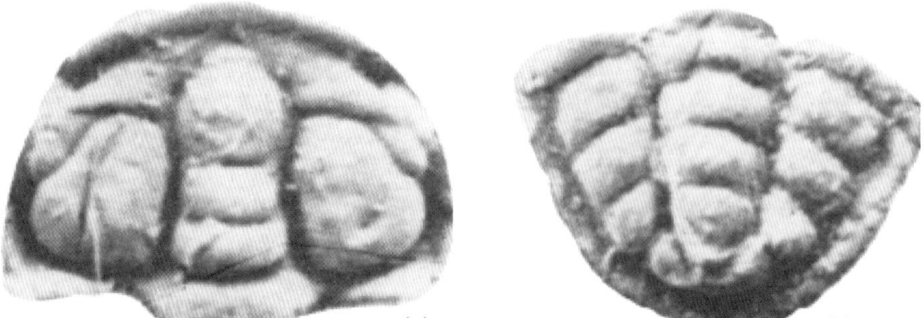

(a) (b)

图 3-60 长阳中华盘虫(*Sinodiscus changyangensis*, S. G. Zhang)

a. 头盖, b. 尾甲;产地与层位:湖北长阳县及峡东地区,寒武系纽芬兰统水井沱组

(a) (b)

图 3-61 恩施似彗星虫(*Encrinuroides enshiensis* Chang)

a. 头盖, b. 尾甲;产地与层位:湖北恩施太阳河,中志留统纱帽组

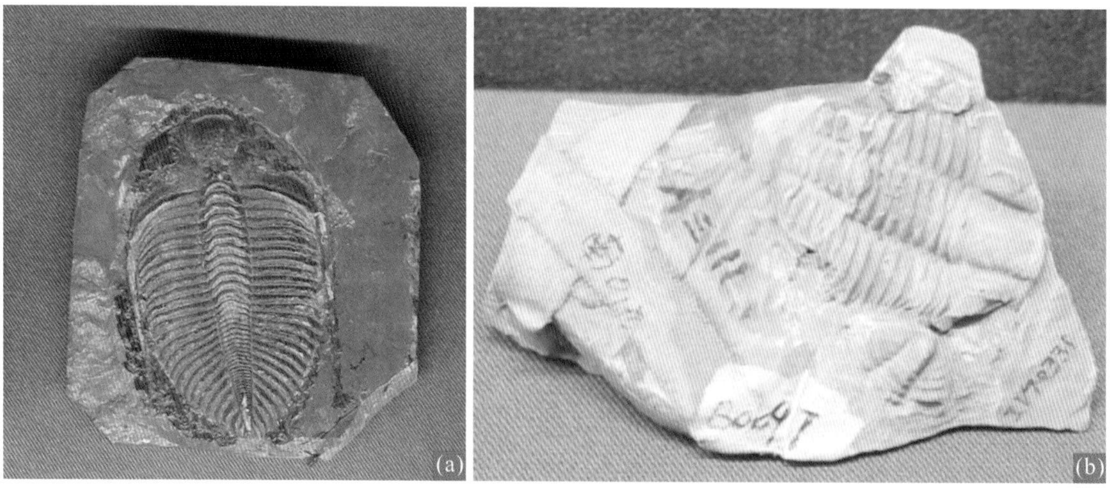

图 3-62 王冠虫和四川斑点虫(武汉地质调查中心龙化石博物馆收藏)

a. 王冠虫(早志留世纱帽组,产于湖北宜昌);b. 四川斑点虫(早奥陶世南津关组,产于湖北宜昌南津关)

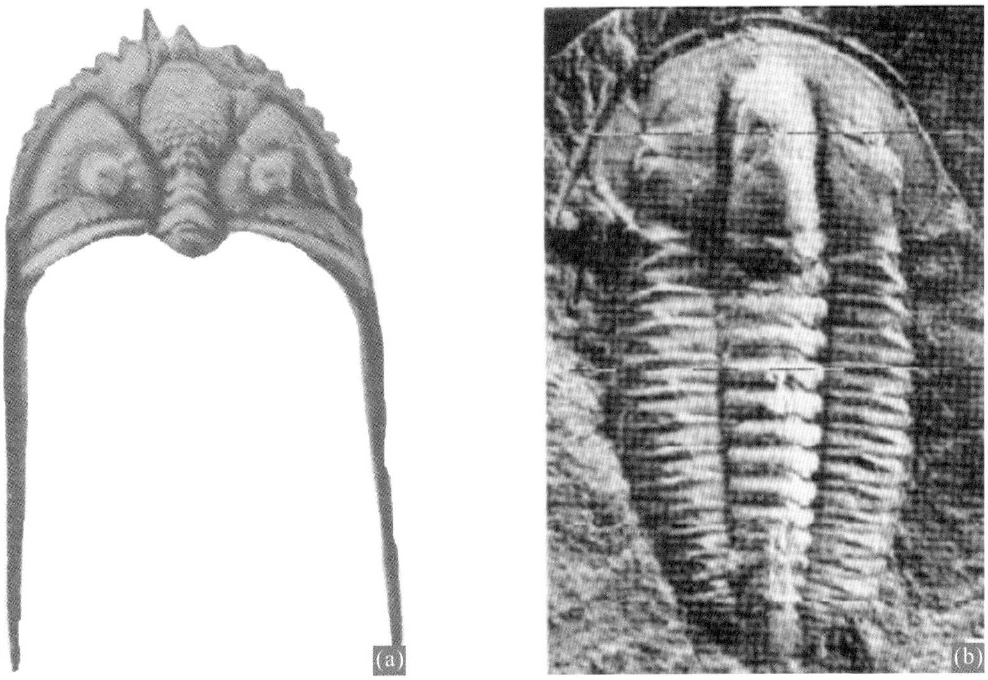

图 3-63　三叶虫化石

a. 高罗王冠虫(*Coronocephalus*(*Coronoceohalus*) *gaoluoensis* Wu),头甲;产地与层位:湖北宣恩县高罗,中志留统纱帽组。
b. 房县许氏盾壳虫(*Hsuaspis fangxianensis* Sun),背甲;产地与层位:湖北房县龙头沟,寒武系纽芬兰统水井沱组。

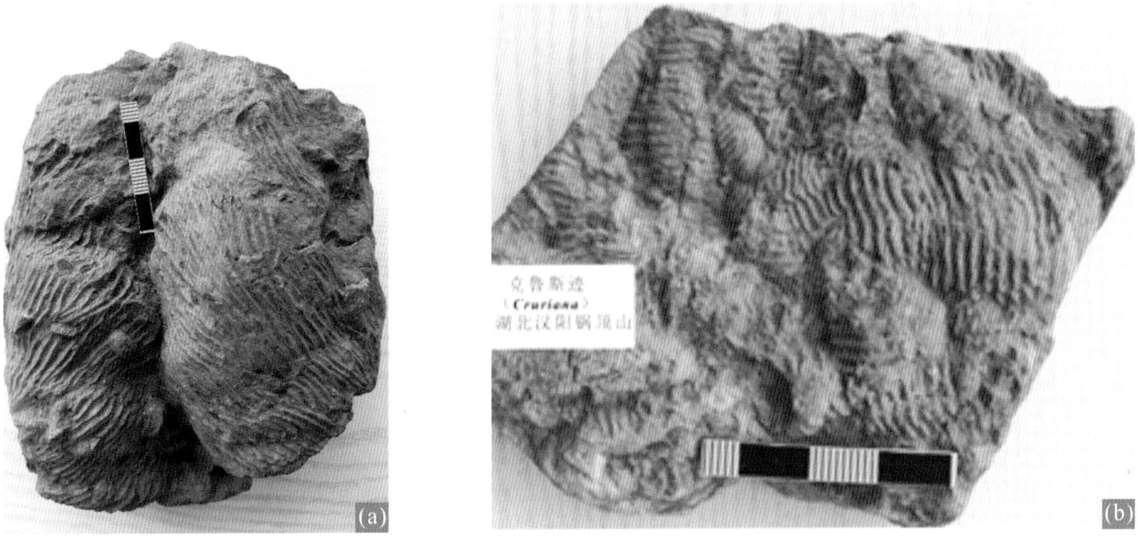

图 3-64　三叶虫活动的痕迹

a. 停栖迹(*Rusophycus*,皱饰迹);b. 挖掘觅食迹(*Cruriana*,克鲁斯迹)

昆虫化石

◎汪啸风

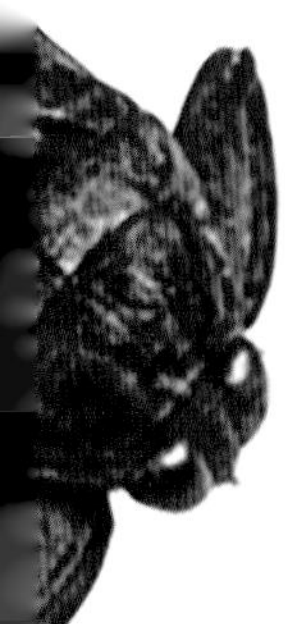

知识链接

昆虫是陆生和淡水节肢动物，归属于节肢动物门（Anthropoda）（关节式足的意思）。它们比任何动物都具有多样性。其身体分为头、胸、尾三部分。胸部有三对步足。昆虫最早出现于泥盆纪早期，无翅，但自石炭纪开始，大部分昆虫具翅，因而是最早进化为具有飞行能力的动物（图3-65、图3-66）。大部分昆虫的个体发育要经历变态，如经历类似休眠状态蛹的阶段。

图3-65 我国东北中生代地层中发现的蜻蜓和蝉化石（引自任东等，2012）

a. 雅致聪蜓（*Sopholibellula eleganta* Zhang）；b. 石氏道虎沟古蝉（*Daohugoucosuss shii* Wang，Ren et Shih）

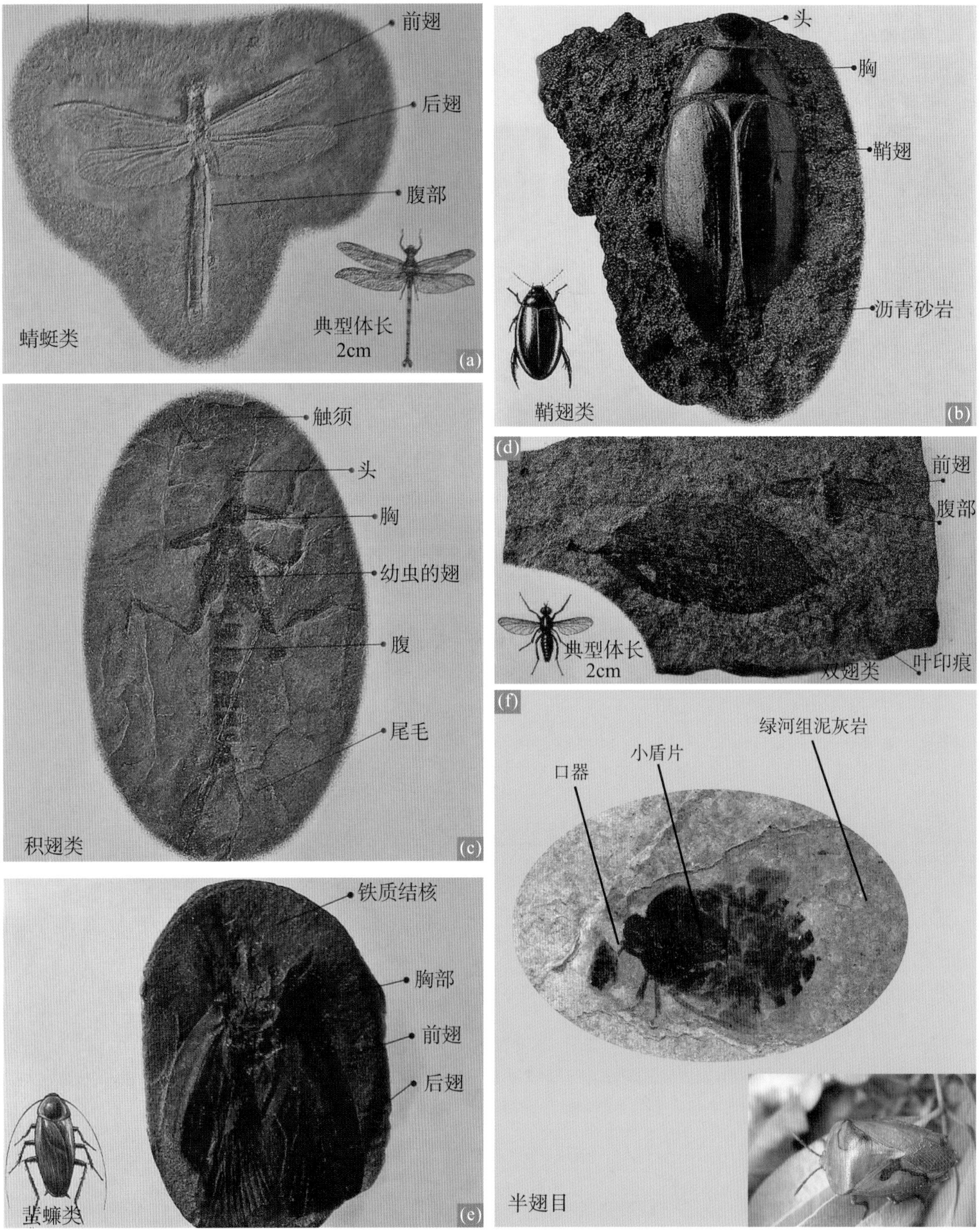

图 3-66　昆虫化石分类和主要构造

a. 德国晚侏罗世索罗霍芬灰岩花叶蜻蜓；b. 美国更新世沥青砂岩水甲虫；c. 俄罗斯侏罗纪拉丘斯吹因黏土白蝇；d. 英国侏罗纪石材板岩毛蚊；e. 英国石炭纪煤层古蠊；f. 美国古近纪绿河组泥灰岩半翅目化石

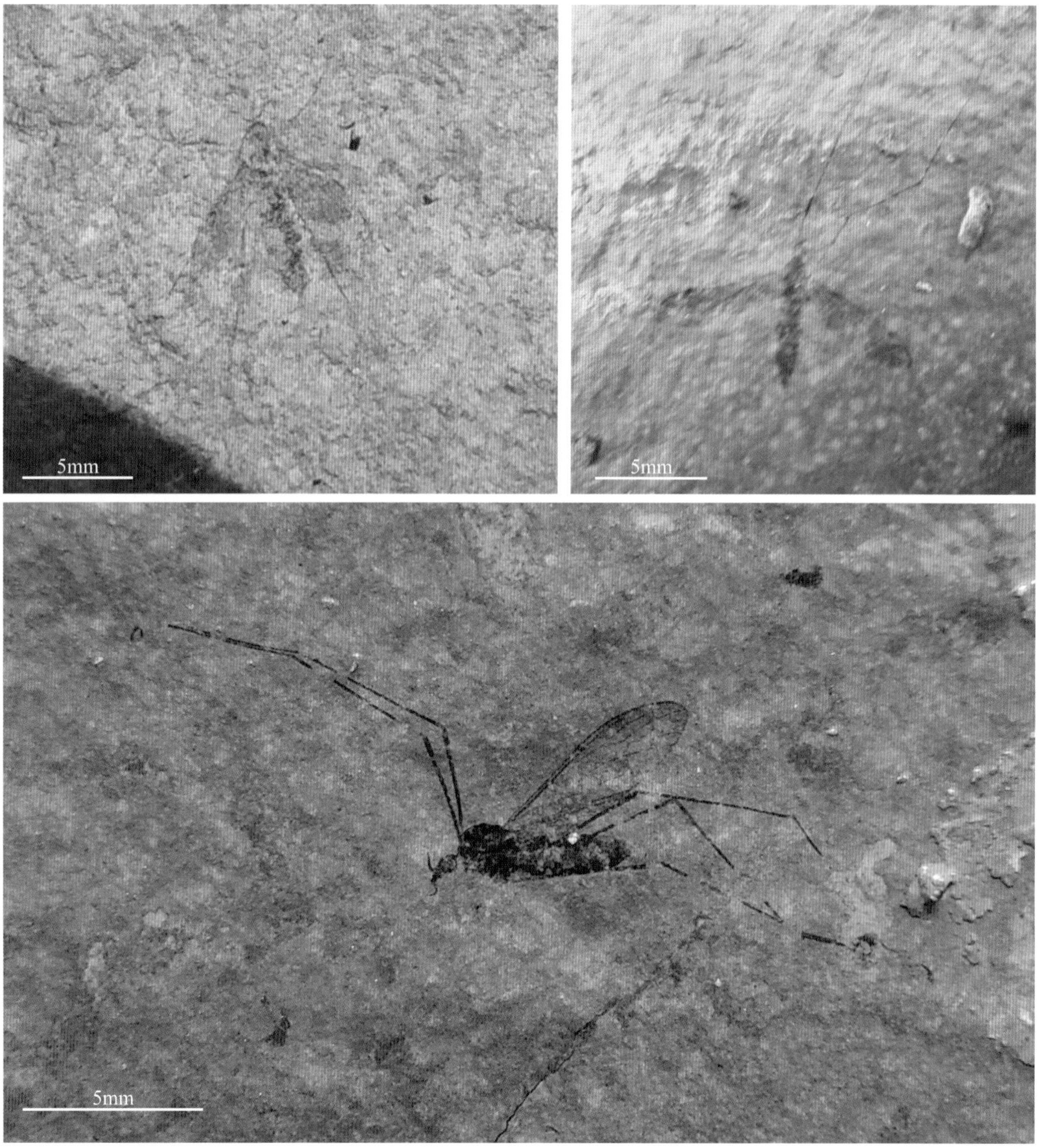

图 3-67　松滋早始新世洋溪组下部发现的毛蚊化石(汪啸风摄)

知识链接

湖北省昆虫化石主要见于江汉盆地西缘松滋-当阳淡水盆地沉积之中；已发现昆虫化石较多的地方主要集中在松滋王家河-黑挡口早始新世洋溪组下部产猴-鸟-鱼的黑色页岩之中，主要昆虫化石包括蚊子和白蚁(图 3-67、图 3-68)。

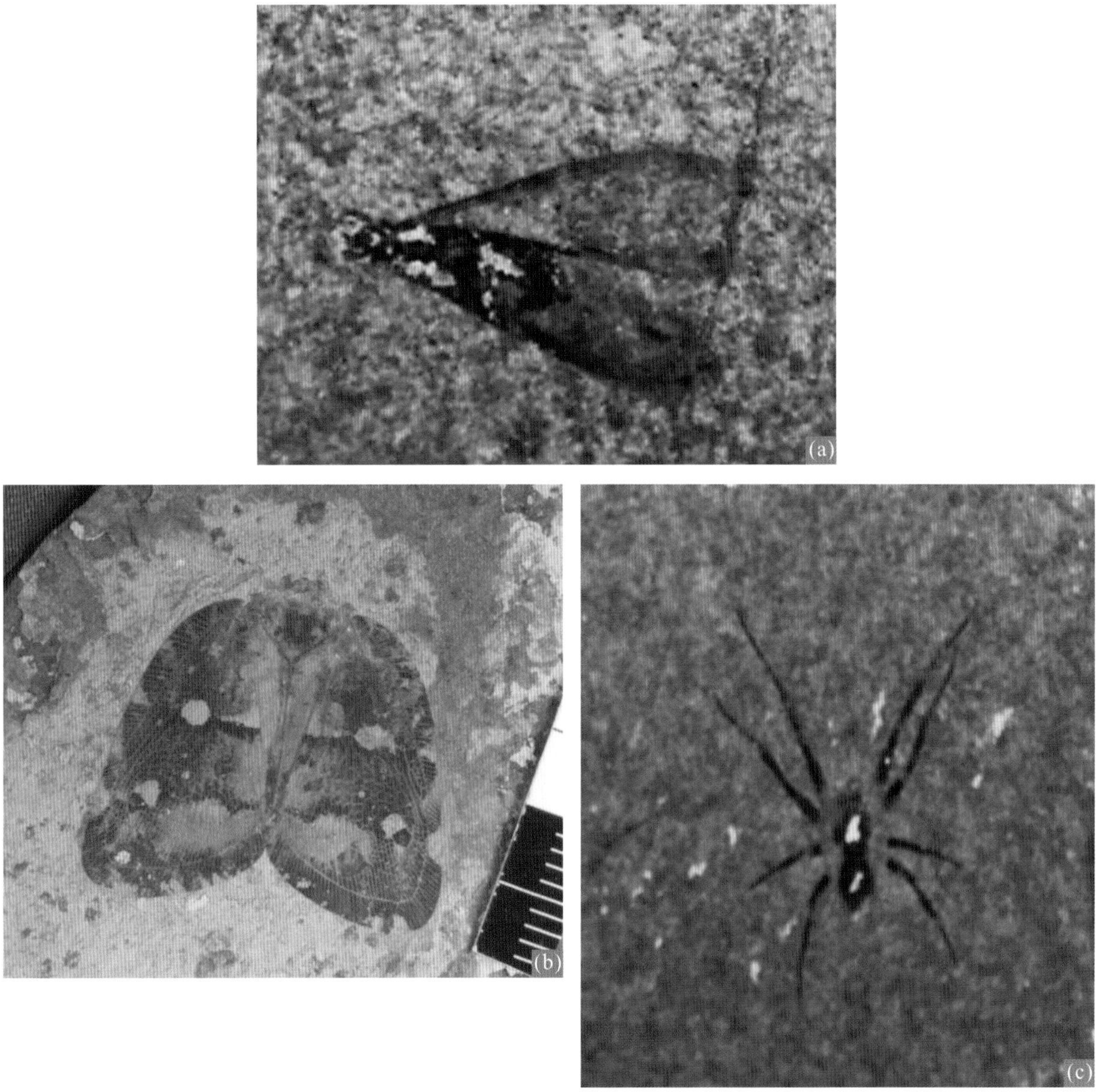

图 3-68　松滋早始新世洋溪组下部发现的昆虫和蜘蛛化石

a. 白蚁；b. 松滋古蝉；c. 松滋蜘蛛

知识链接

学术界对节肢动物分类一直存有争议，一般将节肢动物分为单肢动物亚门、螯肢动物亚门和甲壳动物亚门。昆虫一般被置于单肢动物亚门中的六肢总纲之中，蜘蛛则被置入螯肢动物亚门中的蛛形纲；蜘蛛因其头和胸演化为一体，身体左右有四对足，因而蜘蛛不属于昆虫。

棘皮动物化石
◎王传尚

知识链接

棘皮动物(Echinodermata)是一类后口动物,具中胚层起源的、生活的内骨骼,因其内骨骼包埋于体壁中,往往形成棘或刺突出体表,故称棘皮动物。成年体因其五辐射对称的形态而易于识别(图 3-69),包含海蛇尾、海星、海胆、海参、海百合等(图 3-70~图 3-73),除海百合外,大多均为人们所熟知。现生棘皮动物种类多达 7 000 种,从潮间带到深海不同的水深均可见到该类生物的踪迹,使之成为除脊索动物门之外的第二大门类生物。

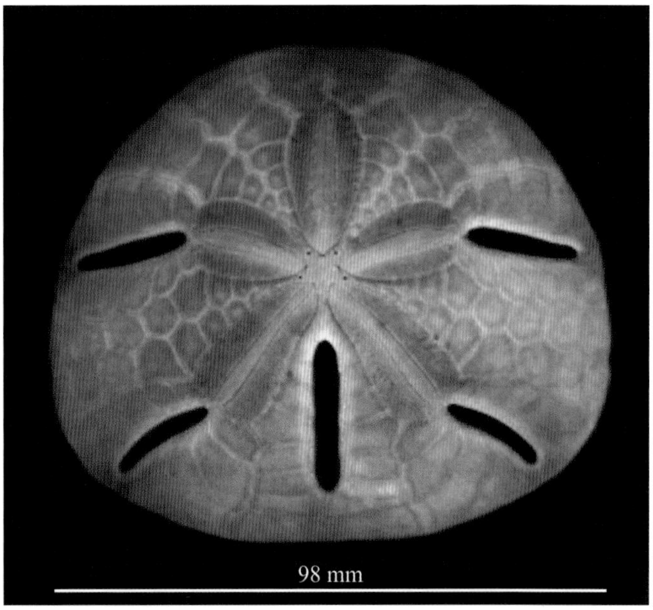

图 3-69 海胆(***Mellita lata***)(反口面)(**Simon Coppard** 摄)

图 3-70 印尼卡莫多附近巴图蒙乔岛珊瑚礁上的海百合(**Alexander Vasenin** 摄)

图 3-71　海星(*Pisaster ochraceus*)(**David Bygott** 摄)

图 3-72　海参(*Stichopus herrmanni*)(**Francois Michonneau** 摄)

图 3-73　海胆

湖北的棘皮动物化石

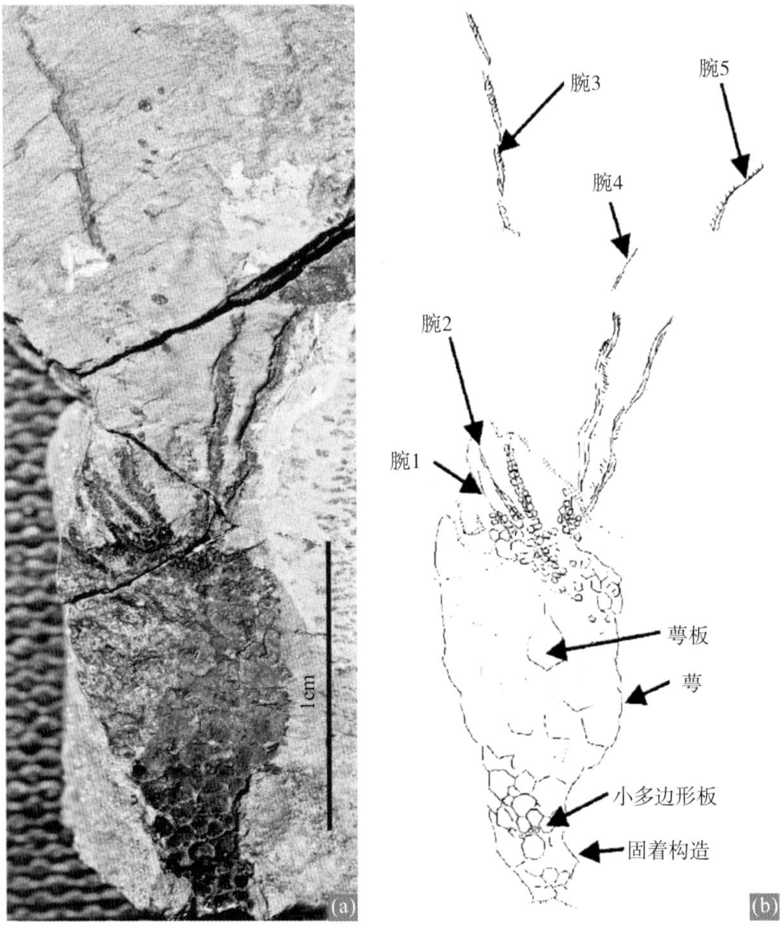

图 3-74　产于湖北京山的中国始海百合(据刘琦等,2010)
a. 化石;b. 化石图解

知识链接

湖北棘皮动物化石丰富，既有闻名中国的海百合（图3-74、图3-75），也有全球最早的海胆化石（图3-76），以及发育于鄂西地区奥陶系的小型海百合。

图3-75 长阳秀峰桥奥陶系桐梓组底部的海百合化石

图3-76 宜昌奥陶系南津关组全球最早的海胆化石

笔石化石

◎汪啸风

知识链接

笔石化石乍看上去颇似在石头上留下的笔迹或刻痕，但它们是一种生物，并且发育了完美的、令人难以置信的供笔石虫生活的居室——管室或管体（tubarium）。它们的细节只能在高倍显微镜下才能看得出来，有时甚至电子显微镜下才能揭示出它们隐藏的奥妙和结构上的细节（图3-77、图3-78）。

笔石自寒武纪（距今520—510 Ma）以来就一直存在，一般认为可适应浮游和底栖两种生活方式（图3-79），最新研究表明，杆壁虫被认为是现生的笔石（图3-77），因此，笔石可能是已知现存生活时间最长的生物类群之一。

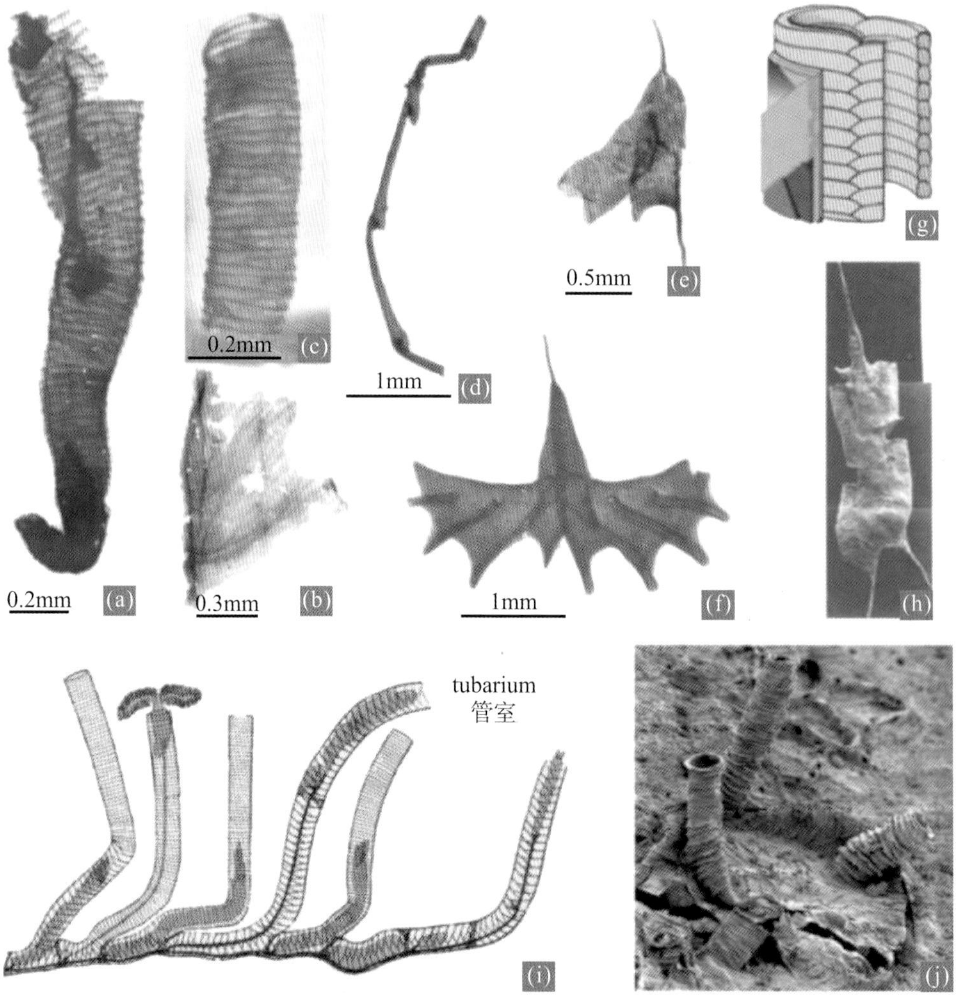

图3-77　酸解出来的三面立体笔石与杆壁虫的对比（Maletz，2017）

a. 胞管发育，可见具纺锤层构造；b. 茎或共管构造；c. 纺锤层；d. 管体上的胞管；e. 胎管和第一个胞管；f. 平伸笔石的始部；g. 管体的外层和内部的纺锤层；h. 胎管刺和底刺；i. 杆壁虫（*Rhabdopleura*）；j. 现生的笔石——紧密杆壁虫（*Rhabdopleura compact*）

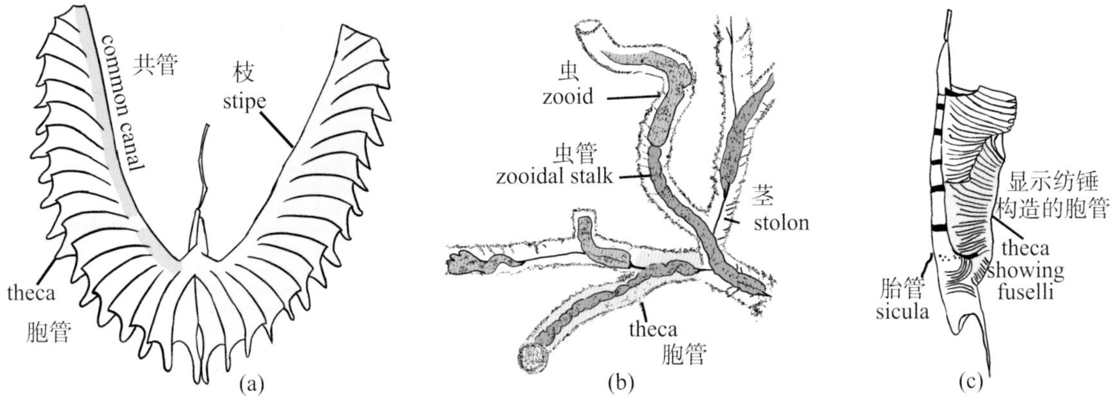

图 3-78　笔石的基本构造

a. 笔石体结构;b. 胞管结构;c. 始端结构

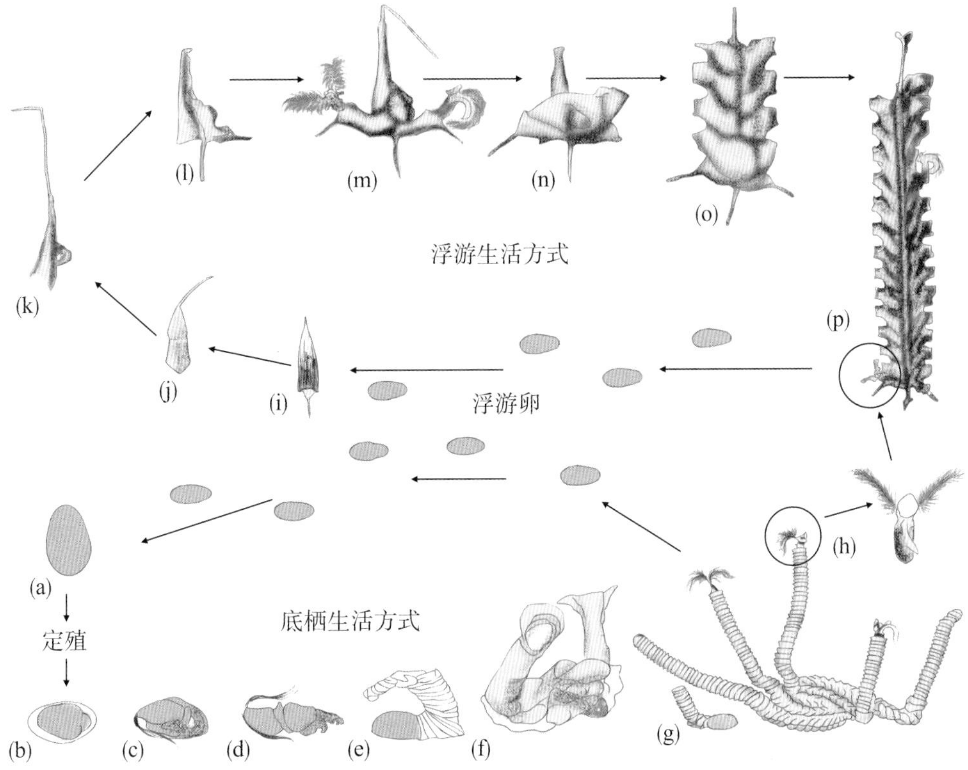

图 3-79　笔石的个体和复体发育

a~d,g,h. 紧密杆壁虫(*Rhabdopleura compacta*),底栖,现生;e,f. *Epigraptus* sp. 奥陶纪,底栖;i~p. 假围笔石(*Pseudomplexograptus disticus*),中奥陶世,浮游

知识链接

笔石在湖北奥陶纪和志留纪岩石中分布广泛，在鄂东南通山、崇阳到鄂西北的竹山、竹溪、保康、南漳地区奥陶纪和志留纪岩石中均有发现；尤以长江三峡地区恩施、宜昌神农架地区最为丰富和多样。笔石在地层划分中具有重要作用，湖北宜昌地区的两枚国际“金钉子”剖面均富含笔石，且王家湾“金钉子”主要由笔石化石来确定（图 3-80、图 3-81）。笔石化石发育的五峰—龙马溪组页岩是我国当前唯一实现页岩气商业开采的地层，笔石带的确定对页岩气勘探具有重要的指导意义（图 3-81）。

图 3-80　宜昌志留纪地层中的双列笔石

a，b. 次栅笔石（*Metaclimacograptus sculptus*），正面始部（a）和反面观（b）；c. 次栅笔石（*Metaclimacograptus sculptus*），成熟的管体；d. 雕笔石（*Glyptograptus tamariscus*）；e. 瑞卡斯笔石（*Rickardsograptus thuringiacus*）；f. 瑞卡斯笔石（*Rickardsograptus tcherskyi*）；g. 瑞卡斯笔石（未定种）*Rickardsograptus* sp.；h. 正常笔石（*Normalograptus scalaris*）（Maletz，2016）

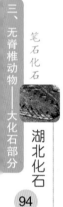

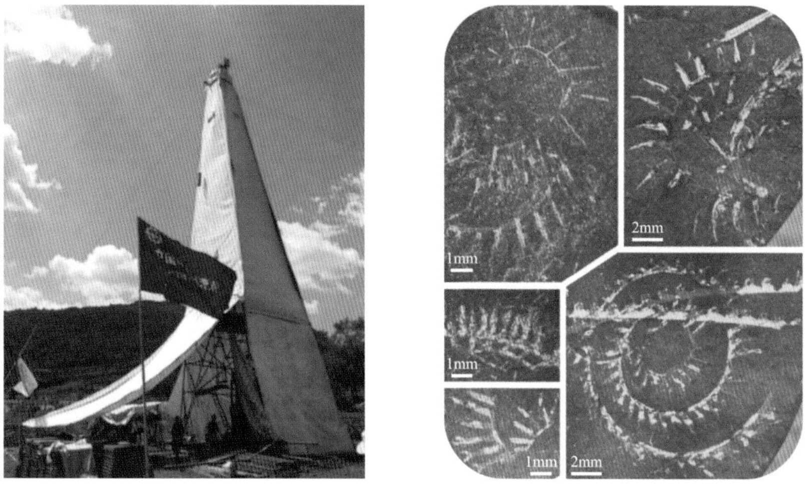

图 3-81 远安鄂宜地井早志留世岩芯样中平面保存的盘旋笔石化石(*Lithuigraptus covolutus*)

湖北的“金钉子”剖面与笔石化石

知识链接

地质学上的“金钉子”是全球年代地层单位界线层型剖面和点位(Global Stratotype Sections and Points,GSSP)的俗称;是国际地层委和地科联,以正式公布的形式所指定的年代地层单位界线的典型或标准;是为定义和区别全球不同时代所形成的地层的全球唯一标准或样板。“金钉子”剖面代表地质学研究中的桂冠,目前全球共建有72枚“金钉子”,其中在中国建立的有11枚。宜昌王家湾“金钉子”主要通过对地层中的笔石研究确定(图3-82、图3-83),宜昌地区奥陶纪和志留纪地层中发育各类精美笔石化石(图3-84~图3-87)。

图 3-82 来自全国各地的地质学家参观宜昌王家湾“金钉子”剖面(彭善池摄)

图 3-83　来自世界各地的地质古生物学家参加 2016 年黄花场和王家湾“金钉子”剖面揭碑仪式

（右下角笔石据王传尚等，2013；a～e. 确定该“金钉子”的断笔石；f. 下垂对笔石）

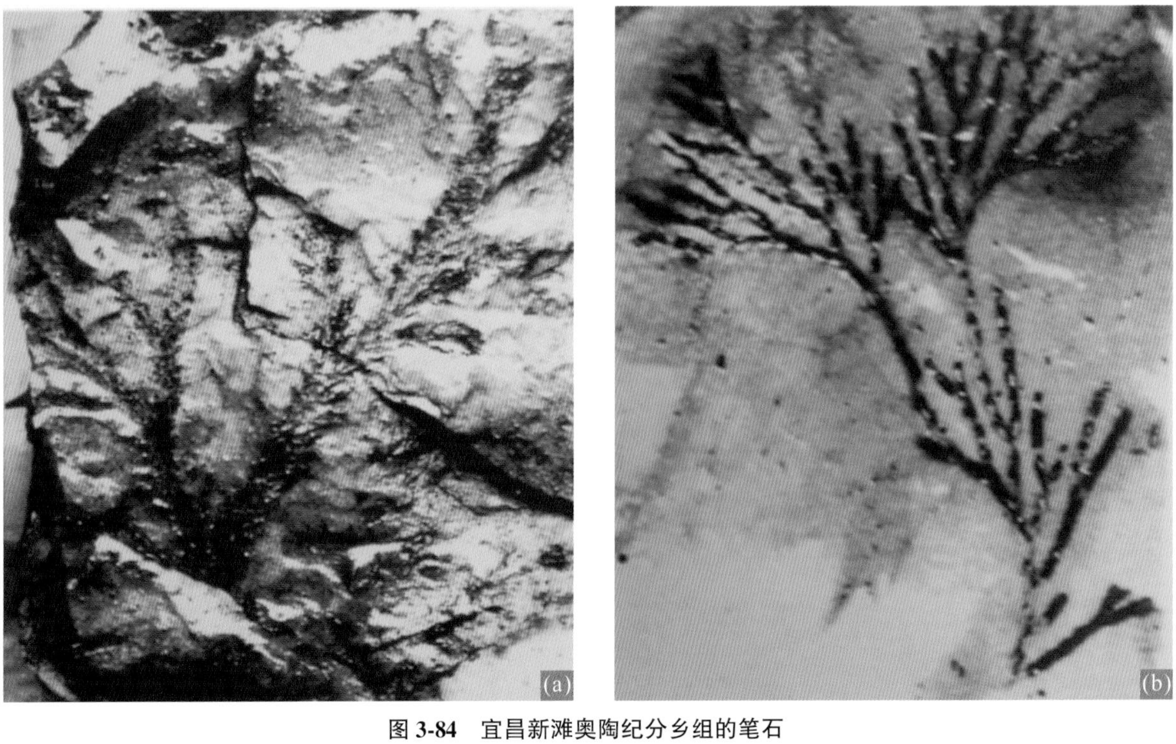

图 3-84　宜昌新滩奥陶纪分乡组的笔石

a. 刺笔石（*Acanthograptus*）；b. 树形笔石（*Dendrograptus*）

图 3-85　宜昌王家湾“金钉子”剖面中保存的细网笔石（尹氏笔石，*Yinograptus*）

图 3-86　宜昌王家湾剖面五峰组的叉笔石和双笔石

图 3-87　宜昌王家湾剖面奥陶纪五峰组的带化石——太平洋拟直笔石（***Paraorthograptus pacificus***）

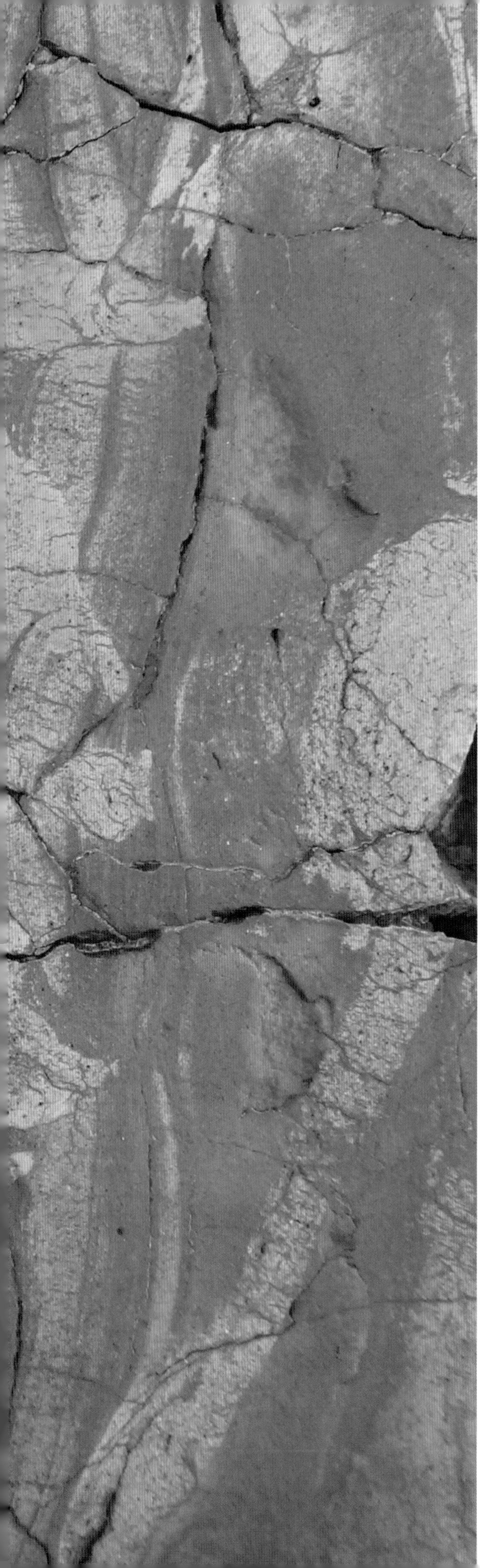

遗迹化石

◎龚一鸣　范若颖　纵瑞文

知识链接

遗迹化石(trace fossil)是生物在生命活动期间留下的遗迹或遗物。一个生物个体死亡后只可能形成或保存为一个完整的实体化石(body fossil),但生物在其生命活动期间能形成或保存为众多遗迹化石(图3-88)。因此,遗迹化石的数量会远远多于实体化石的数量。遗迹化石主要记录了生物体的行为习性而非生物实体的解剖特征(图3-89)。

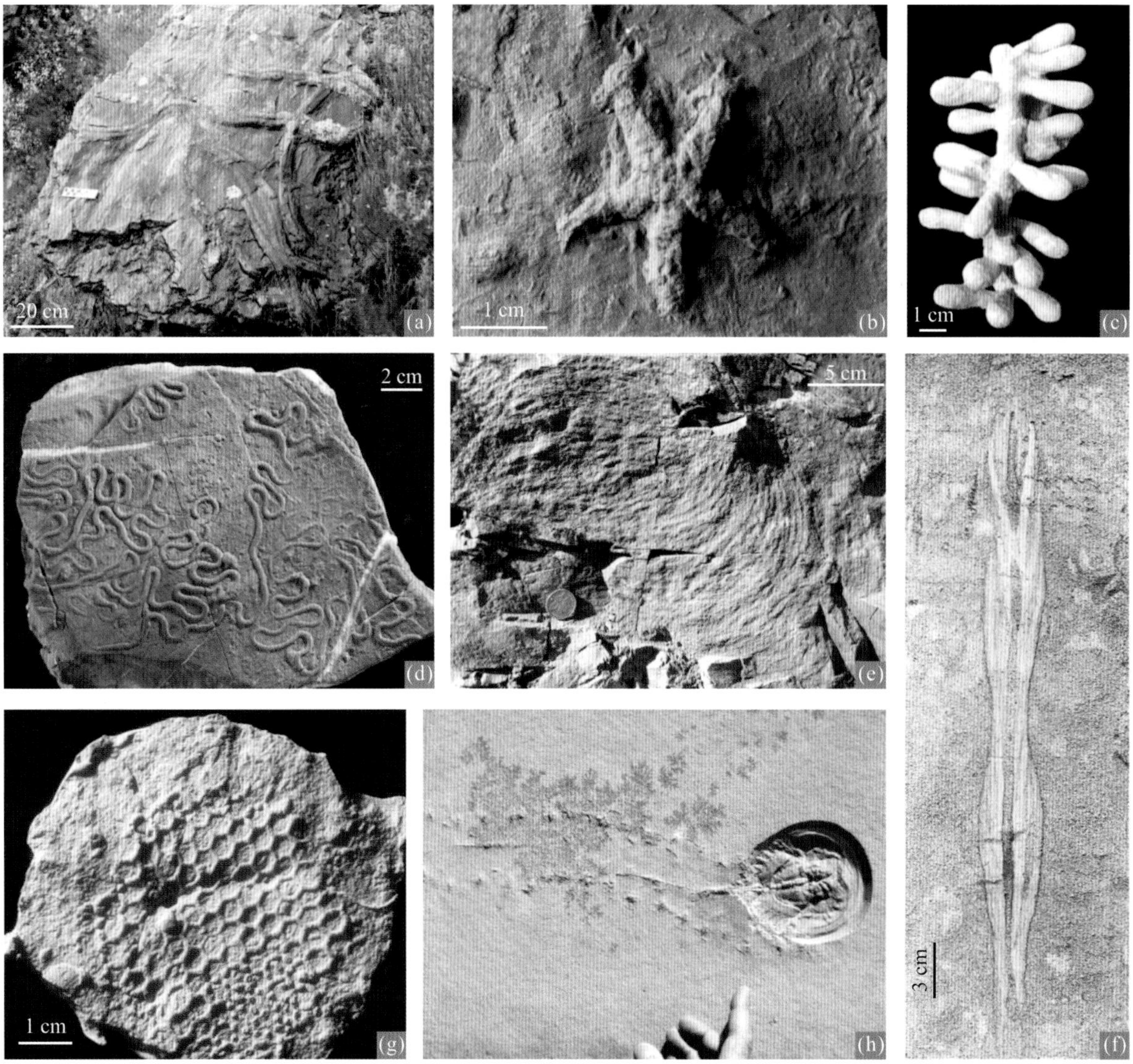

图 3-88　遗迹化石中的典型行为

a. 爬行迹(repichnia);b. 停息迹(cubichnia);c. 孵化迹(calichnia);d. 牧食迹(pascichnia);e. 觅食迹(fodinichnia);f. 平衡迹(equilibrichnia);g. 耕作迹(agrichnia);h. 死亡迹(mortichnia)

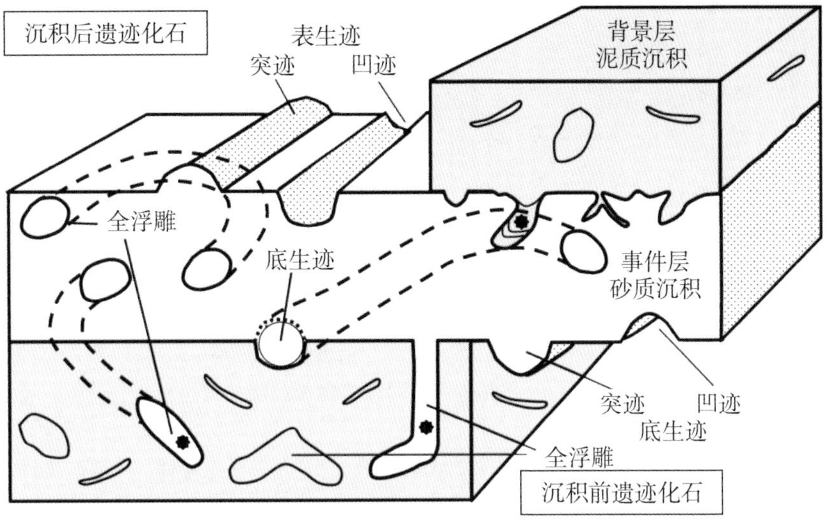

图 3-89　遗迹化石的保存类型（据 Savrda，2007）

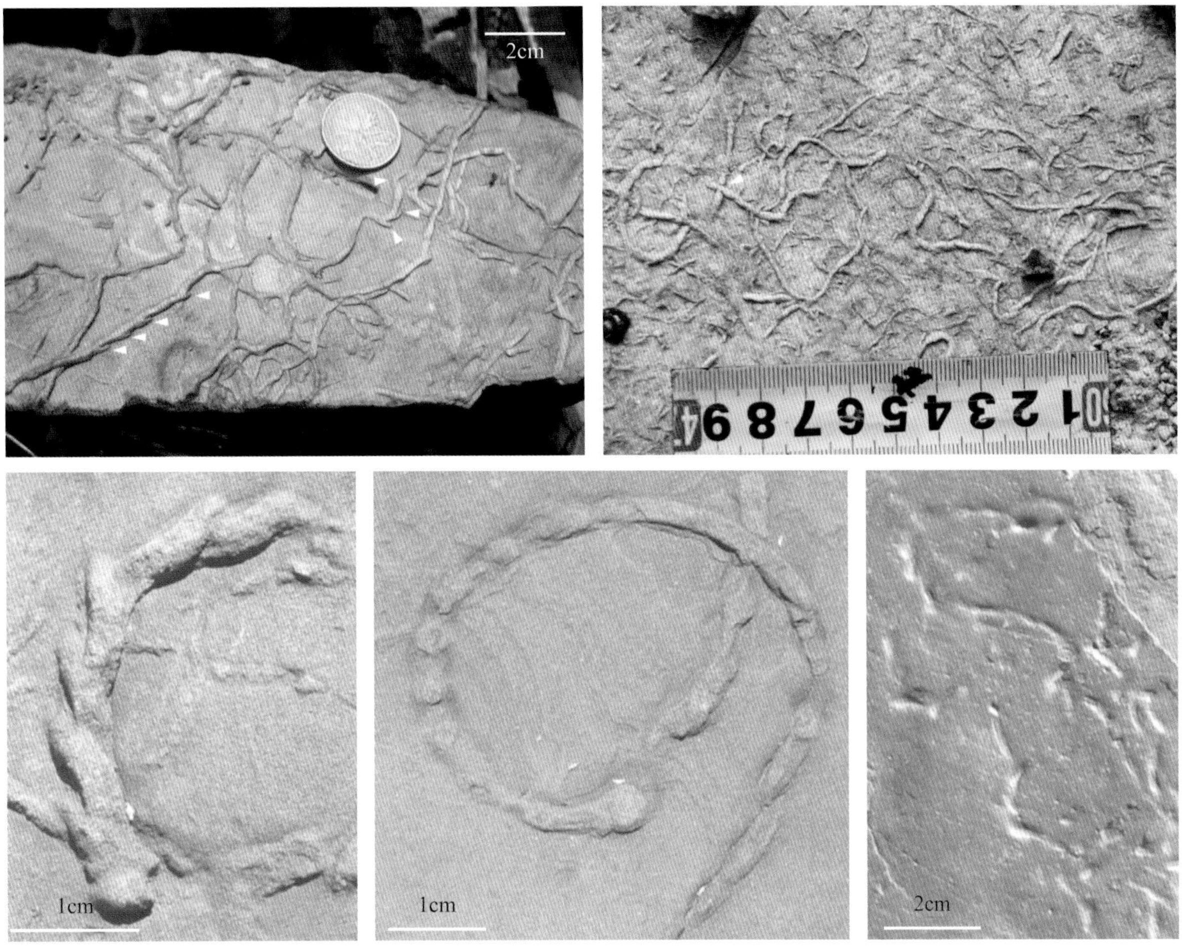

图 3-90　武汉汉阳仙女山志留系坟头组和上泥盆统五通组中的锯形迹（*Treptichnus*）

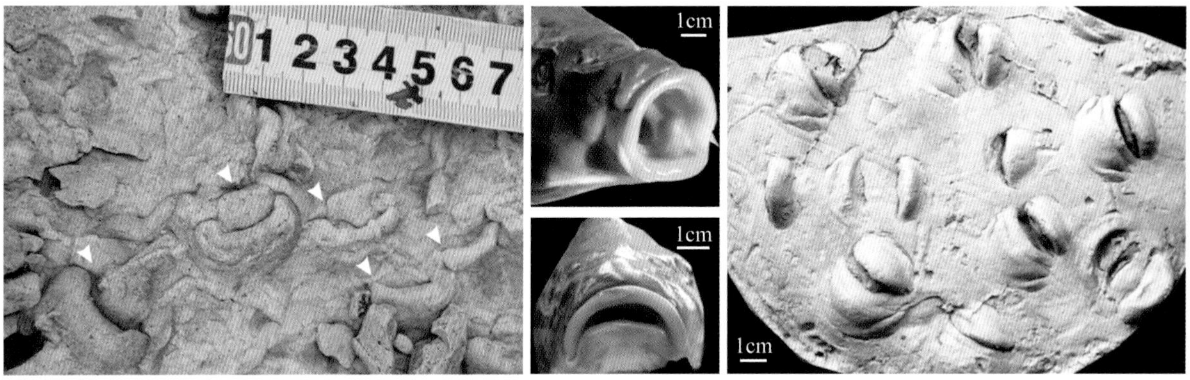

图 3-91　湖北汉阳锅顶山上泥盆统五通组内鱼类的吻捕迹（*Osculichnus*）

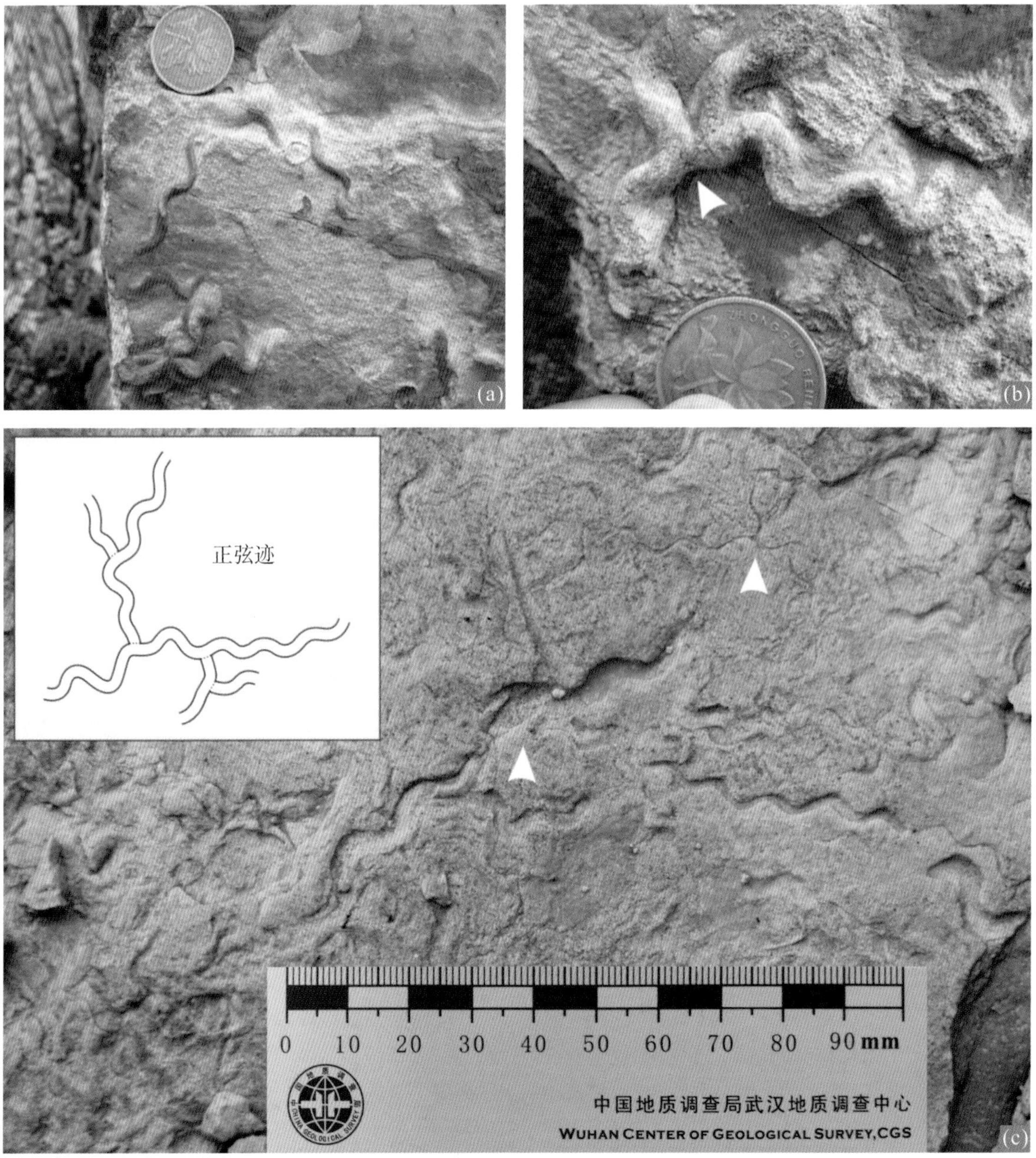

图 3-92　湖北汉阳锅顶山上泥盆统五通组中的正弦迹（*Sinusichnus*）

a，b. 全浮雕保存形式；c. 表生迹保存形式，且可见不同潜穴直径的个体，为不同个体发育阶段的造迹生物所形成

图 3-93　武汉黄金塘下志留统坟头组中的海生迹(*Thalassinoides*)

知识链接

湖北遗迹化石丰富，主要在志留系和泥盆系砂岩中发育。其中志留系主要为动物活动留下的锯形迹(图 3-90)，泥盆系则有锯形迹、吻捕迹和正弦迹(图 3-90～图 3-93)。另外，湖北三峡地区埃迪卡拉系发现的众多遗迹化石是揭示前寒武纪与寒武纪生物演化的连续性的难得素材，对科学理解寒武纪生命大爆发和研究早期生命活动具有重要科学意义(图 3-94～图 3-97)

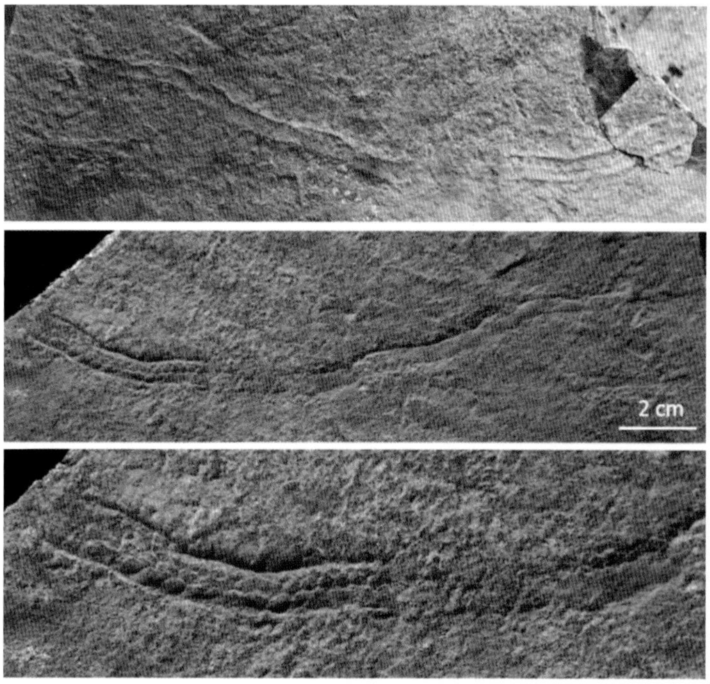

图 3-94　夷陵虫遗体及拖痕化石(陈哲等，2019)

产自湖北宜昌埃迪卡拉纪

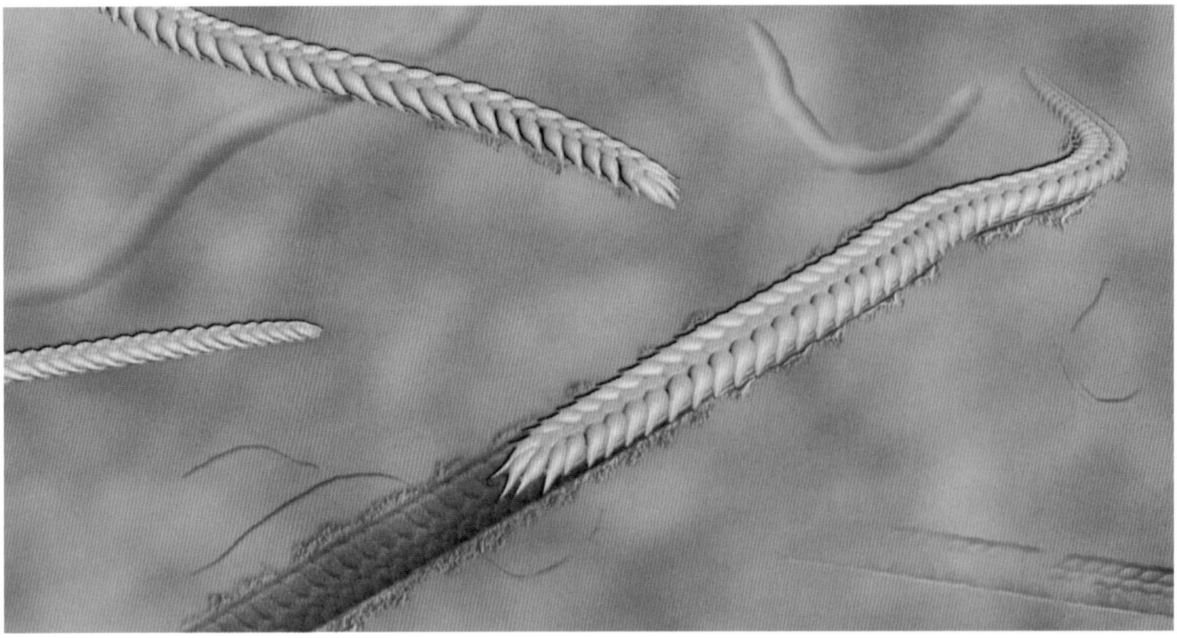

图 3-95　夷陵虫复原图(陈哲等,2019)

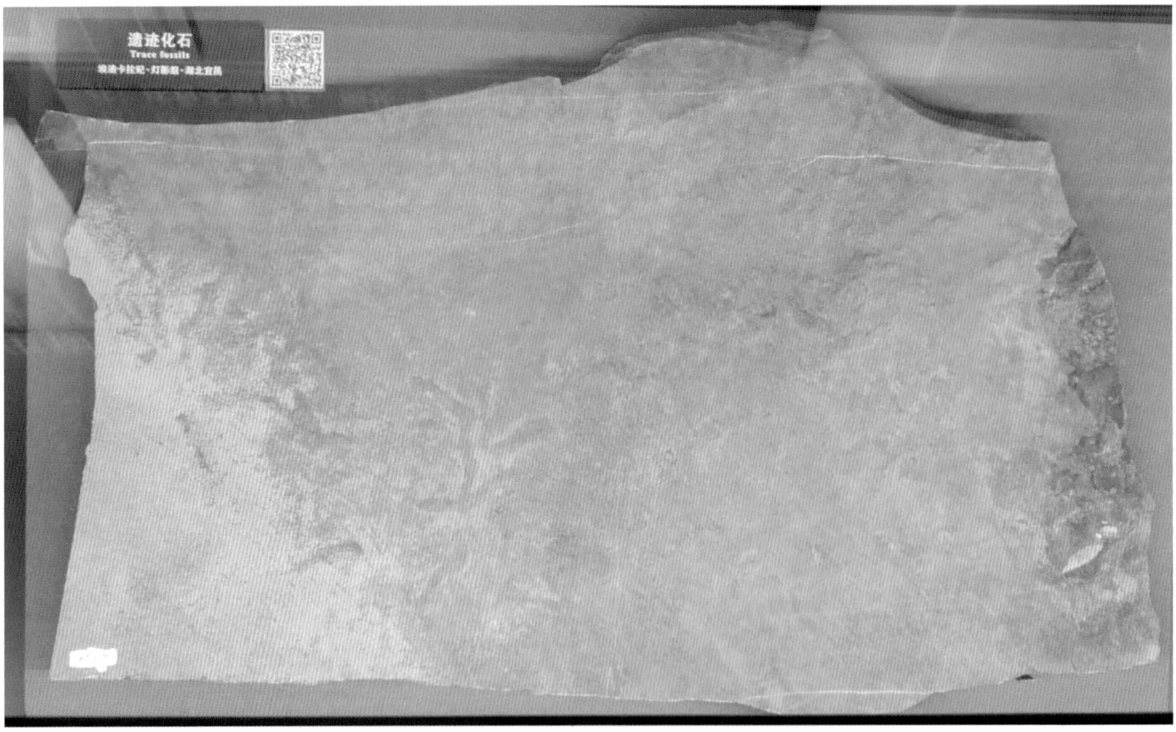

图 3-96　埃迪卡拉系灯影组遗迹化石(产自宜昌)

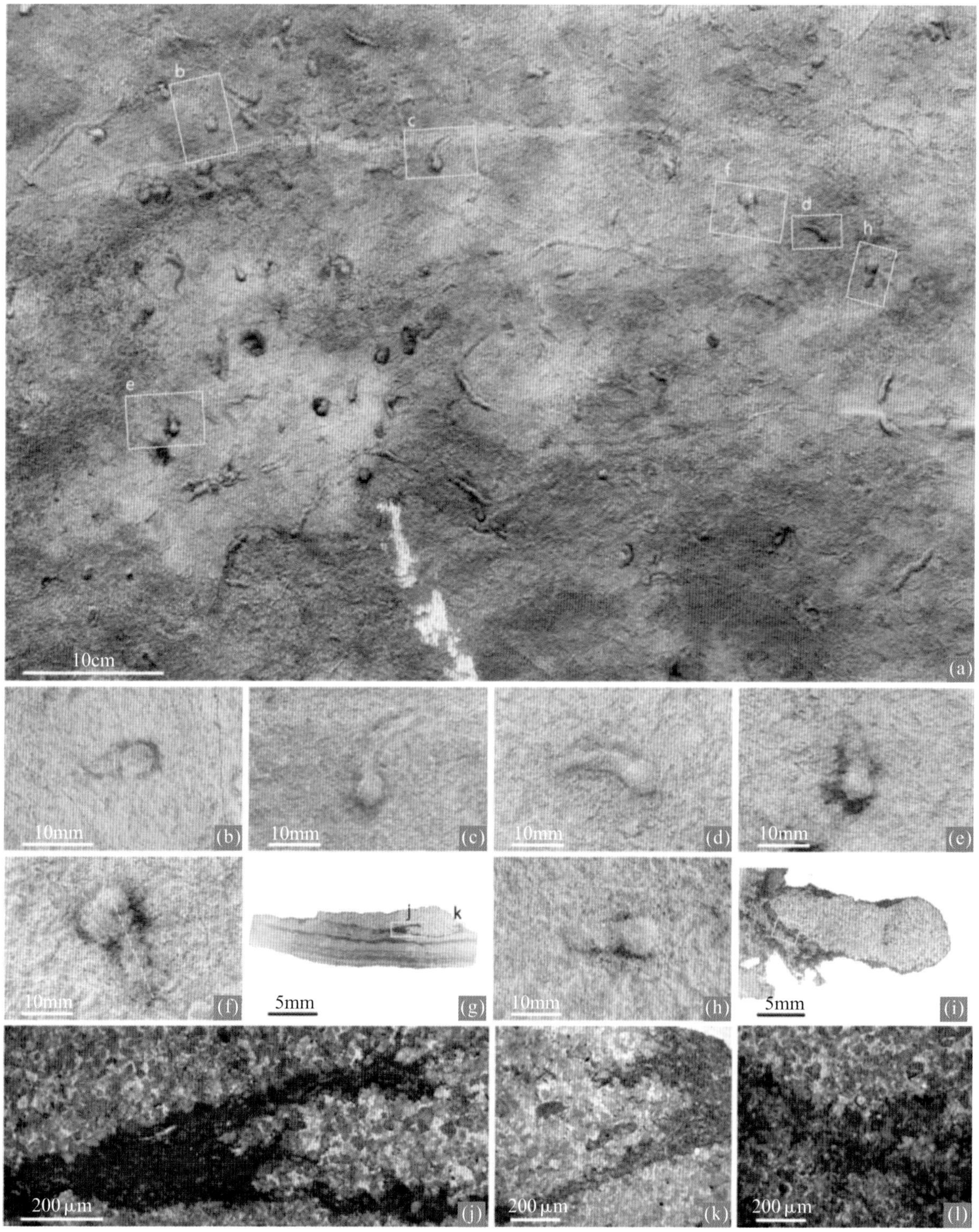

图 3-97　湖北三峡地区埃迪卡拉系灯影组蝌蚪状化石及切片

a. 化石总体面貌；b~f，h. 分别为 a 图中放大图，显示化石一端膨大，一端细长，呈蝌蚪状；g. 为 f 图中化石沿黄线垂直层面切面，显示藻席层被化石切穿；j~k. 分别为 g 图中矩形放大；i. 为 h 图中化石平行层面切片；l. 为 i 图中矩形部分放大

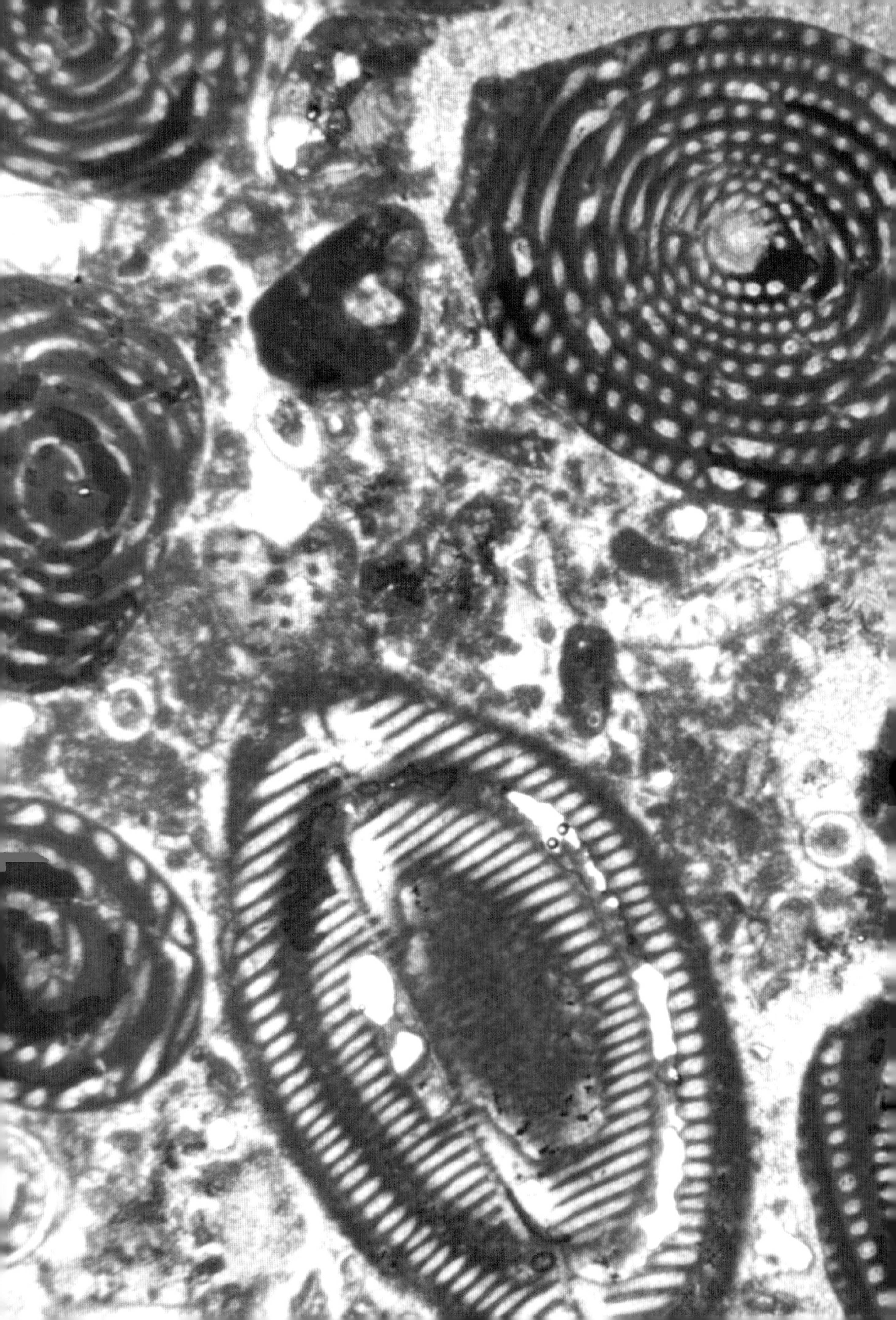

四、无脊椎动物

——微体化石部分

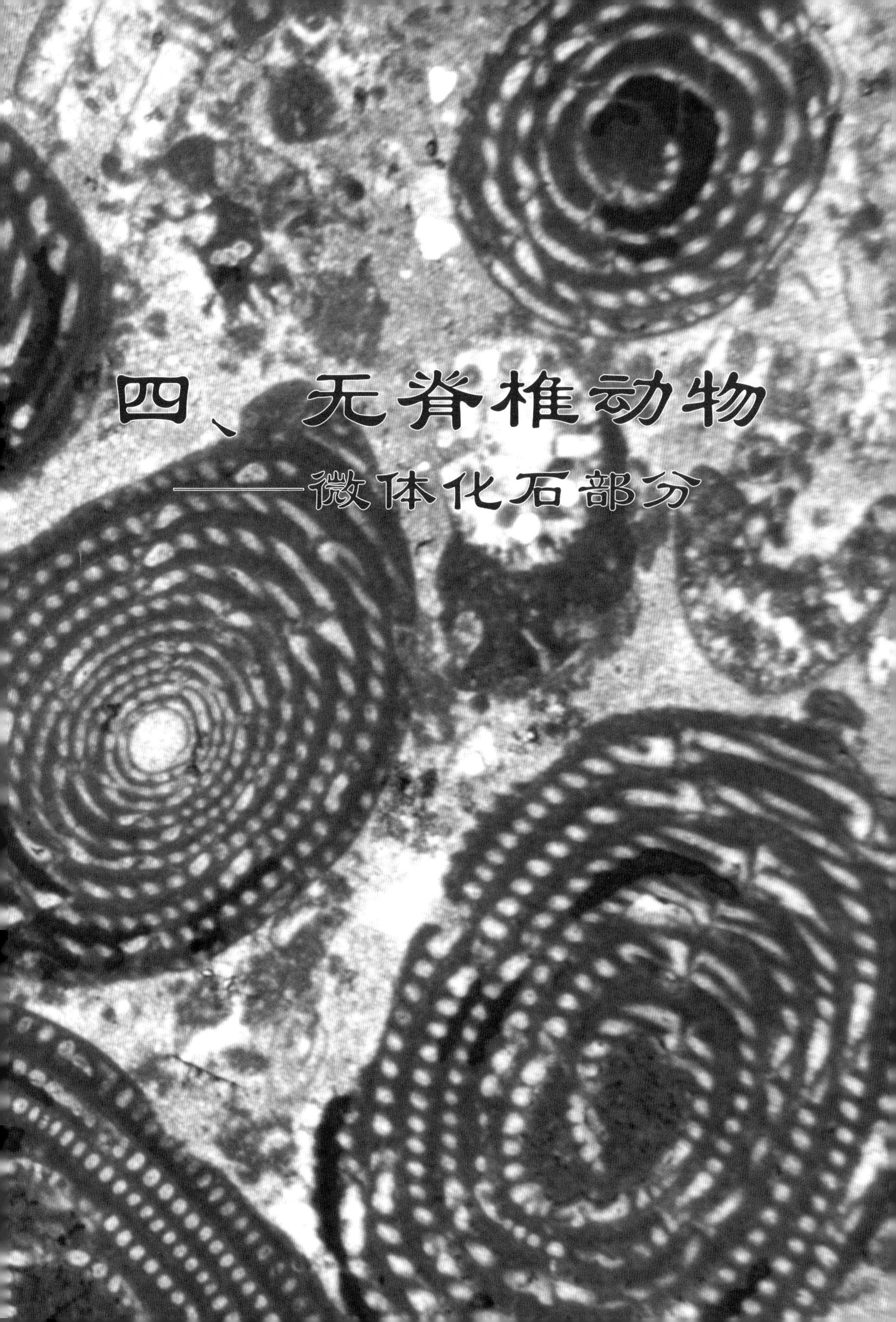

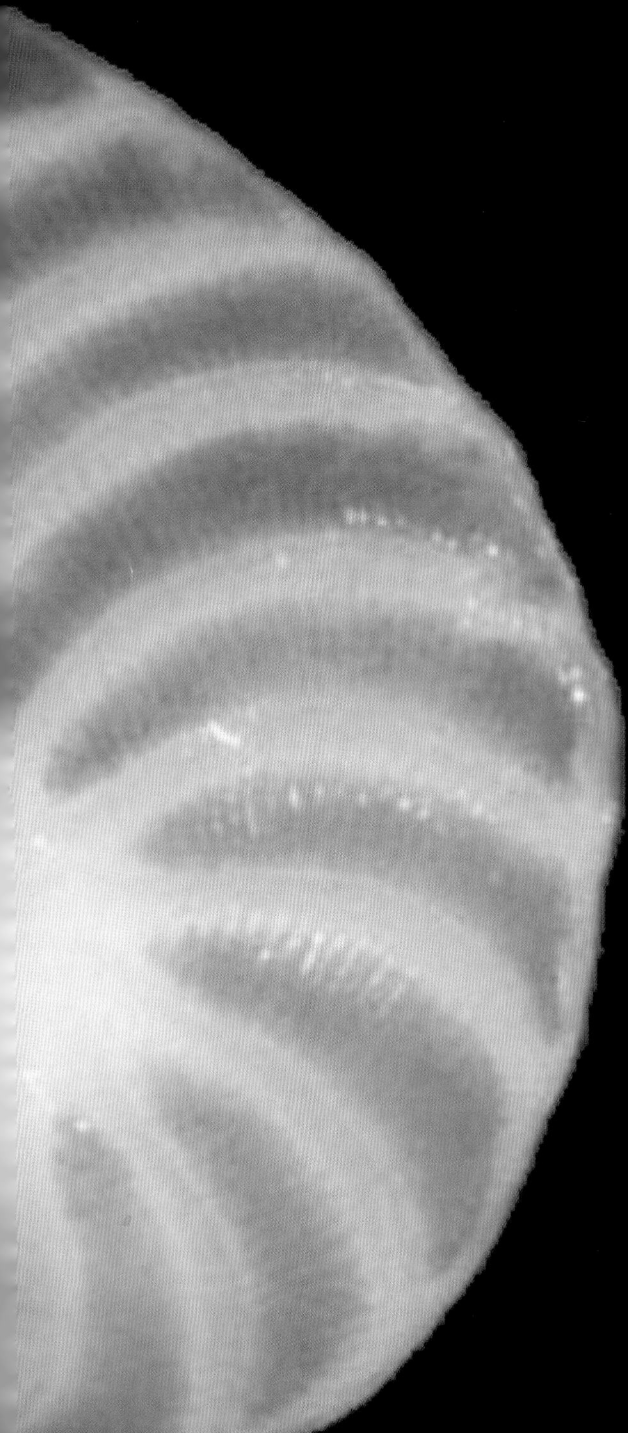

有孔虫（含䗴）化石

◎顾松竹

知识链接

有孔虫是一种微小的原生动物(图 4-1)。它能够自身分泌钙质或者有机质的外壳,或者通过自身的分泌物胶结外来的物质颗粒建造外壳(图 4-2~图 4-5)。有孔虫研究对地层学、古气候、古海洋学、古环境及海洋学、环境科学等诸多学科都具有非常重要的意义,有孔虫也广泛应用在地矿、石油、海洋、环保等方面。

图 4-1　现代海洋中的浮游有孔虫——抱球虫

中部琥珀色的部分即是包裹着壳的有孔虫虫体,从虫体向外发散的是数量繁多而纤细的伪足

图 4-2　多房室有孔虫(左)和单房室有孔虫(右)

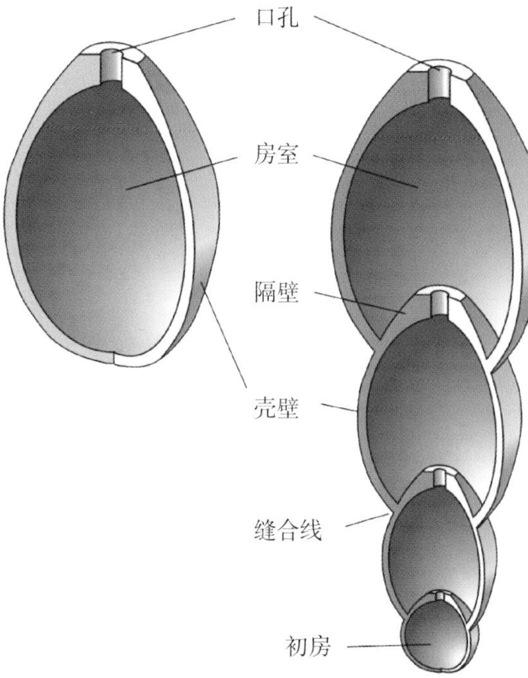

图 **4-3**　单房室有孔虫(左)和直列式有孔虫(右)的基本构造

图 **4-4**　䗴类化石在岩石中以立体形式出露

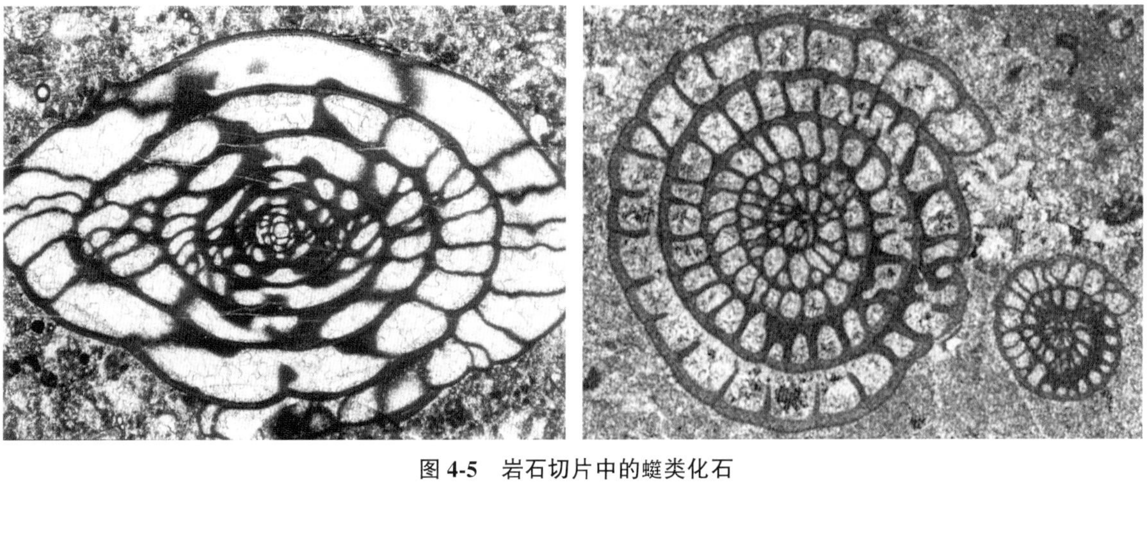

图 **4-5**　岩石切片中的䗴类化石

知识链接

有孔虫化石广泛分布在湖北省境内的石炭纪到三叠纪早期的地层中(图 4-6~图 4-9),石炭纪的地层主要分布在鄂西南长阳、松滋等地,在鄂东的武昌等地也有零星分布。二叠纪到三叠纪早期的地层除秦岭-大别山山区以及江汉平原腹地以外均有分布。

湖北的有孔虫化石

图 4-6　湖北小郝饮虫(*Howchinella hubeiensis* Zhang and Gu)

湖北兴山大峡口,晚二叠世大隆组(据 Zhang and Gu,2015)

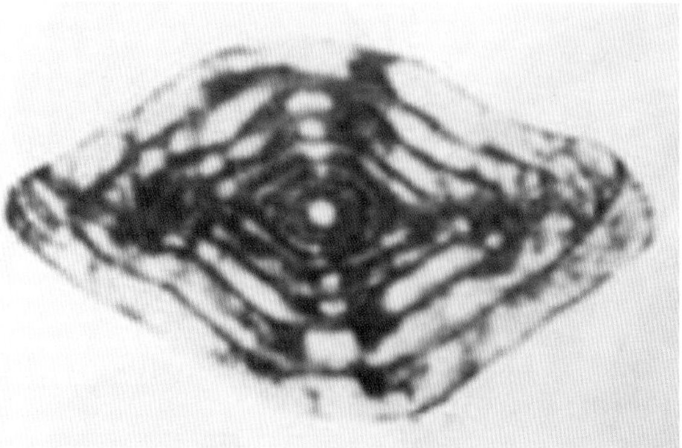

图 4-7　始华美小纺锤䗴(*Fusulinella eopulchra* Rauser)(据林甲兴等,1977)

武汉黄金塘晚石炭世黄龙组

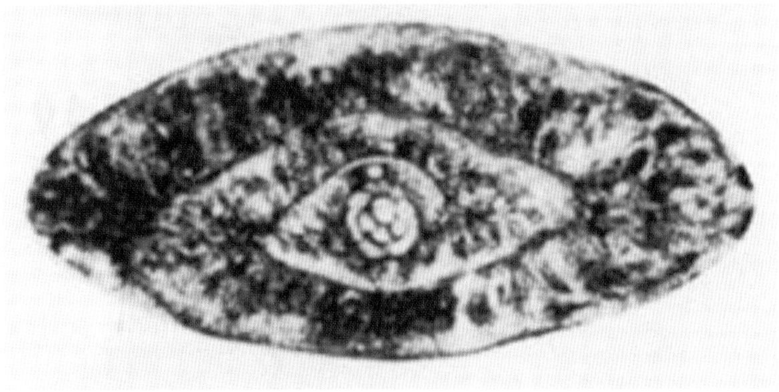

图 4-8　假卢氏喇叭蜓(*Codonofusiella pseudolui* Sheng)(据林甲兴等,1977)

兴山县大峡口晚二叠世吴家坪组

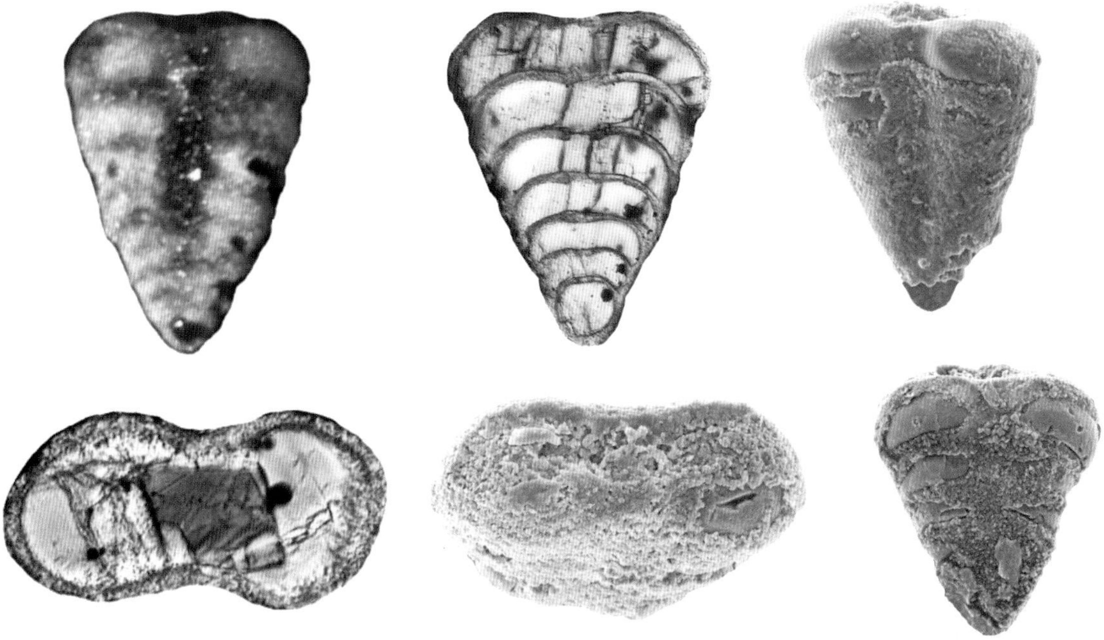

图 4-9　鞋底格涅兹虫(*Geinitzina ichnousa* Sellier de Cirieux and Dessauvagie)

湖北兴山大峡口,晚二叠世大隆组

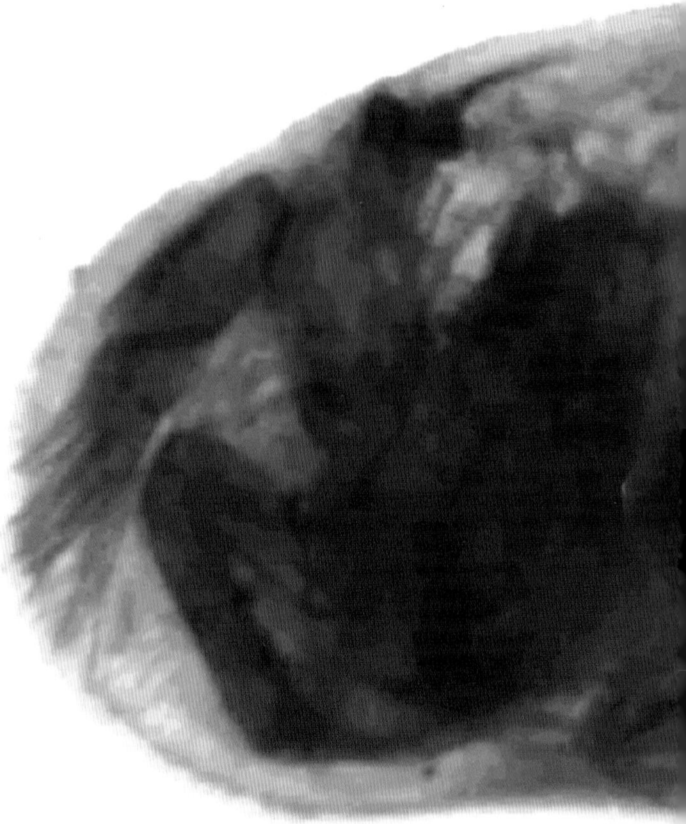
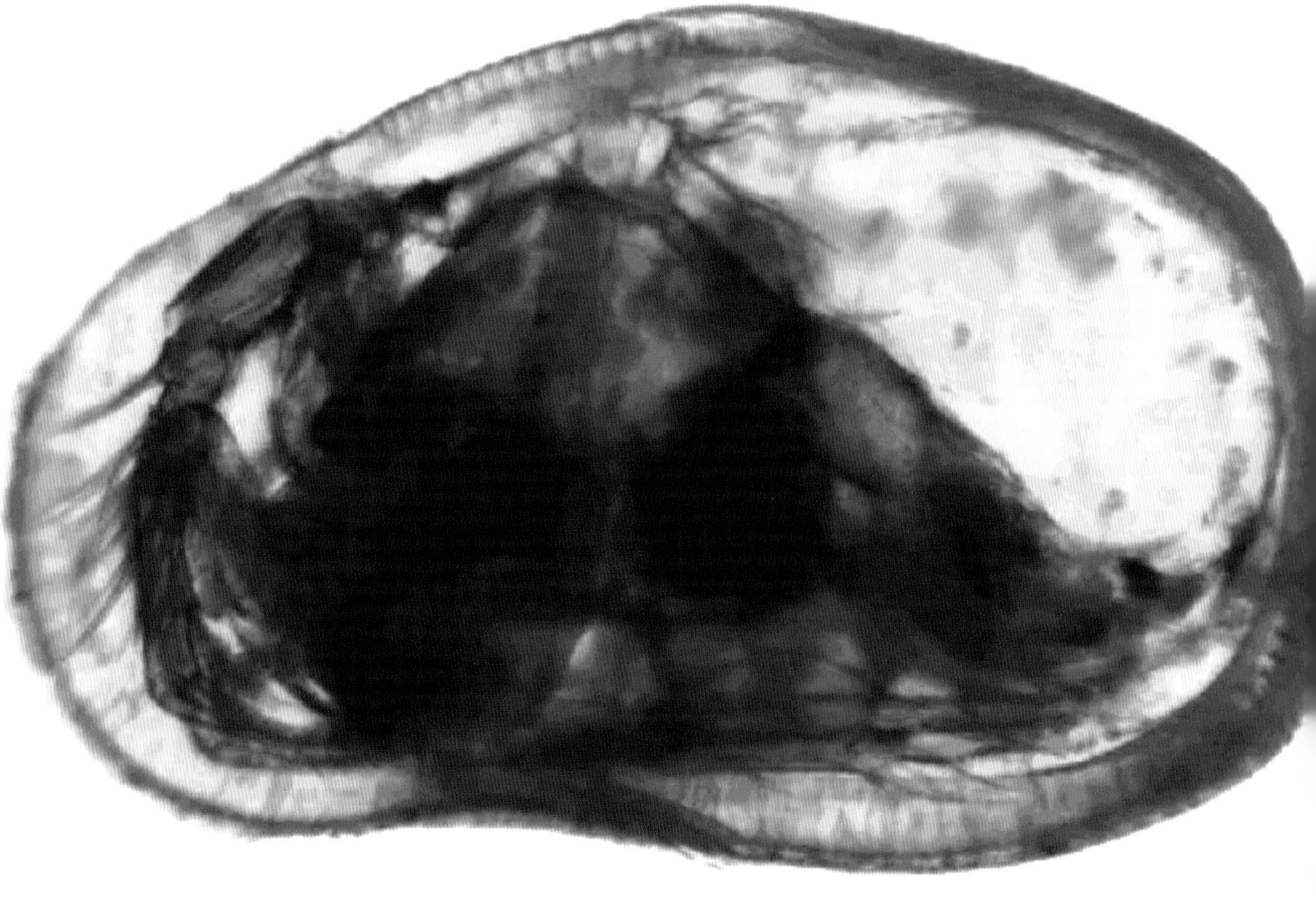

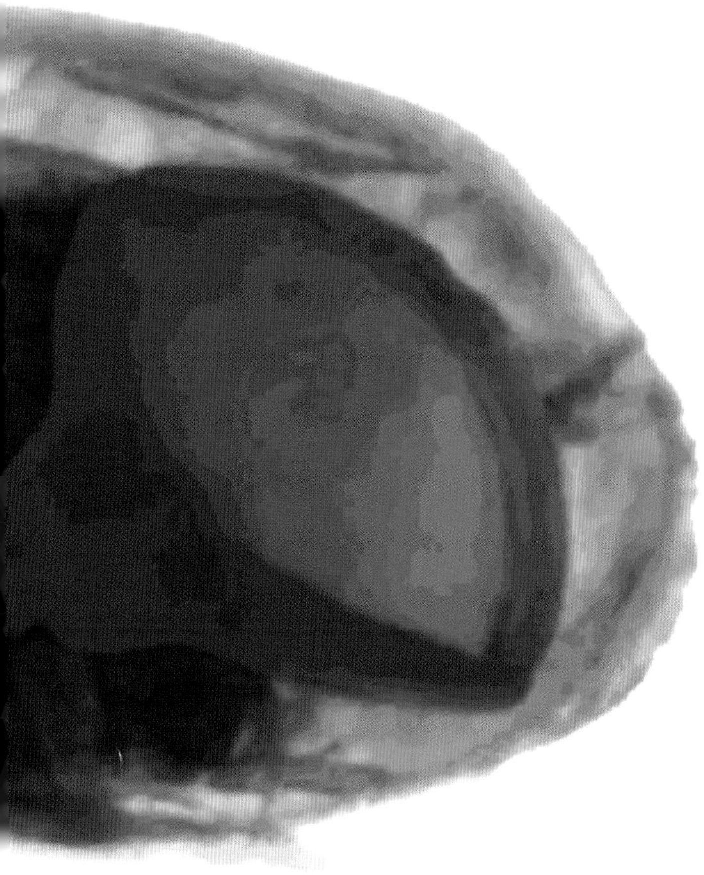

介形虫化石

◎袁爱华

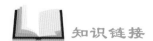

知识链接

介形虫(Ostracoda)属于节肢动物门甲壳纲的一个亚纲,其名称来源于希腊语 ostrakon,意思是壳,介形虫也被称为种子虾(seed shrimp),是一种常见的微体生物门类,从奥陶纪开始出现,至今还十分繁盛。介形虫的化石记录和现生属种都是非常丰富的门类,是进行生物地层学、(古)生态学、(古)生物地理学等研究的良好载体(图 4-10~图 4-14)。

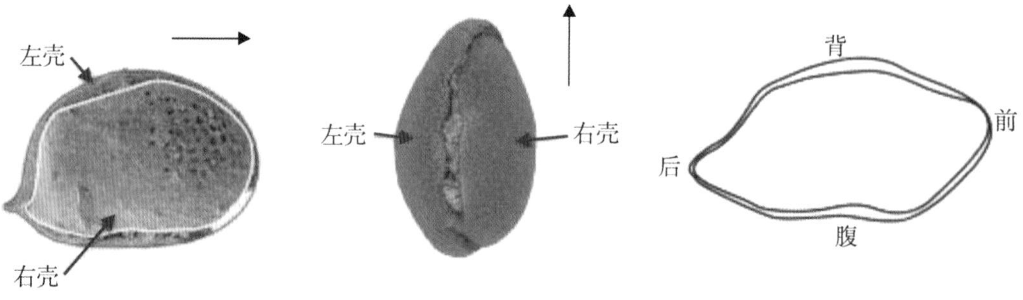

图 4-10　介形虫壳体及超覆

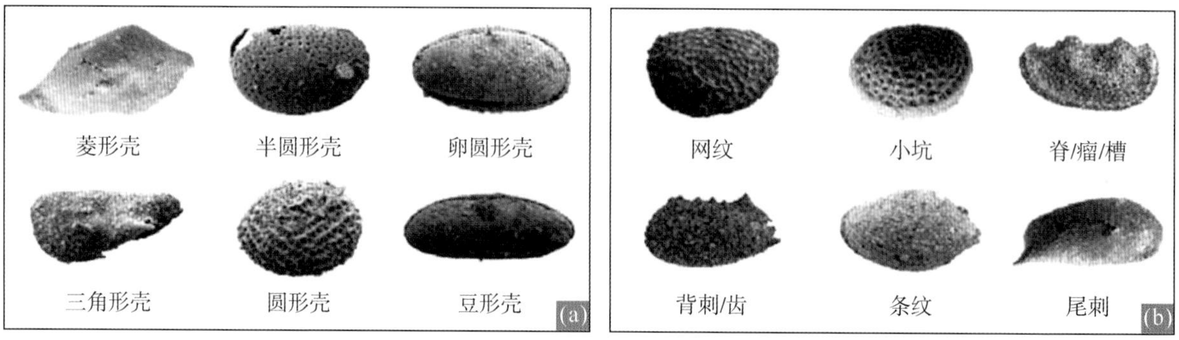

图 4-11　介形虫的不同壳形(a)和壳饰(b)

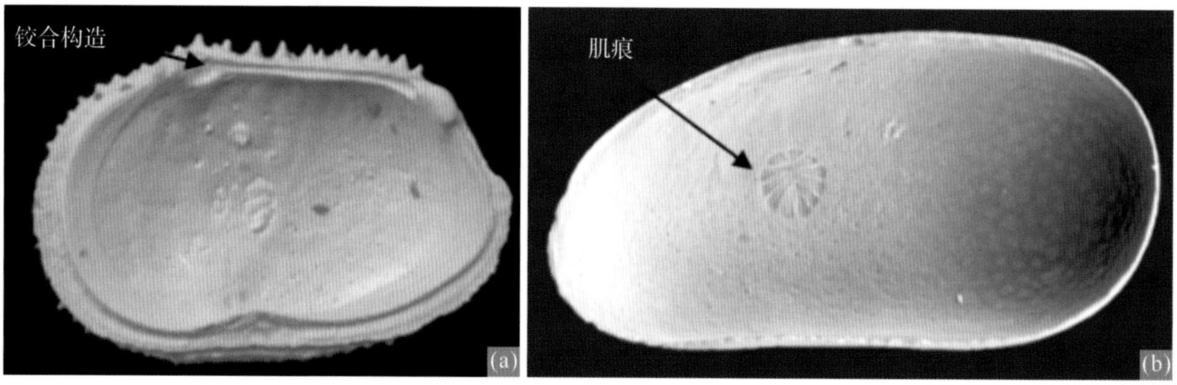

图 4-12　介形虫的铰合构造(a)和肌痕(b)

(a. 据 World Ostracoda Database;b. 据 Fuhrmann,2012 修改)

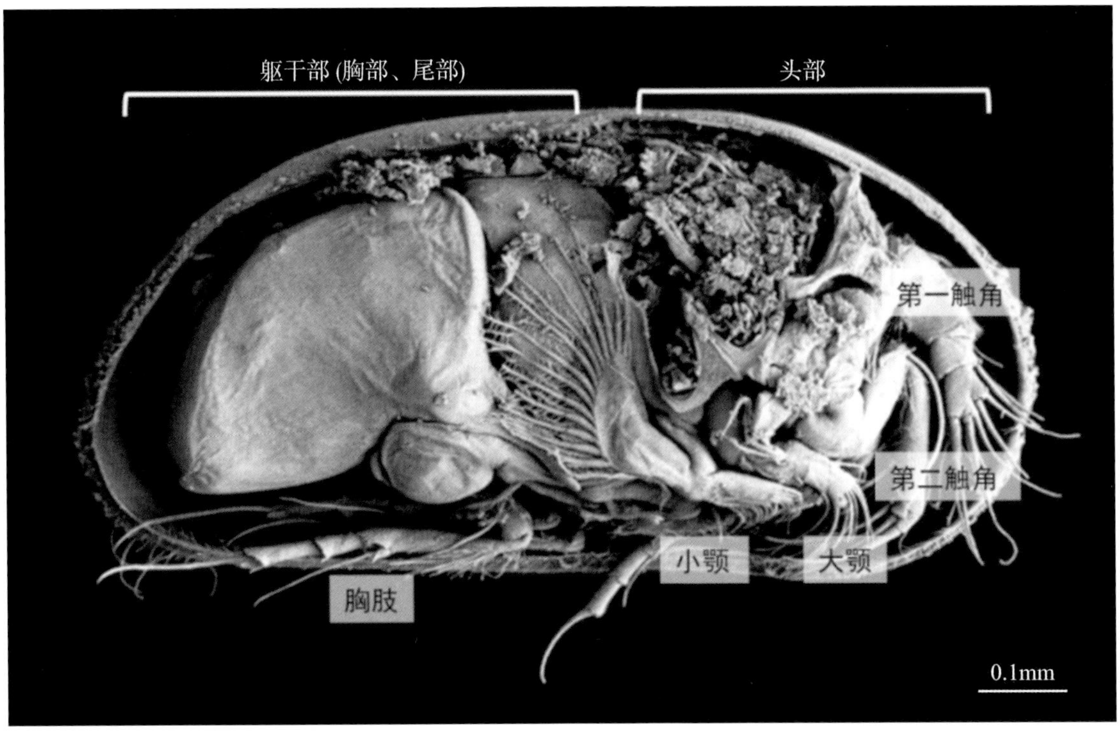

图 4-13　介形虫内部构造图(据 World ostracoda database)

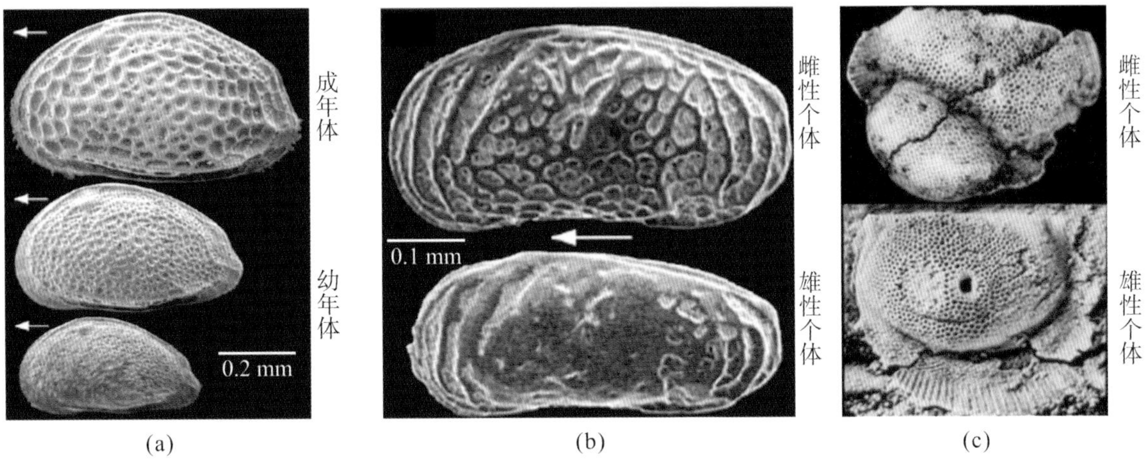

图 4-14　介形虫的个体发育(a)和性双形现象(b,c)(据 Ozawa,2013 修改)

湖北的介形虫化石

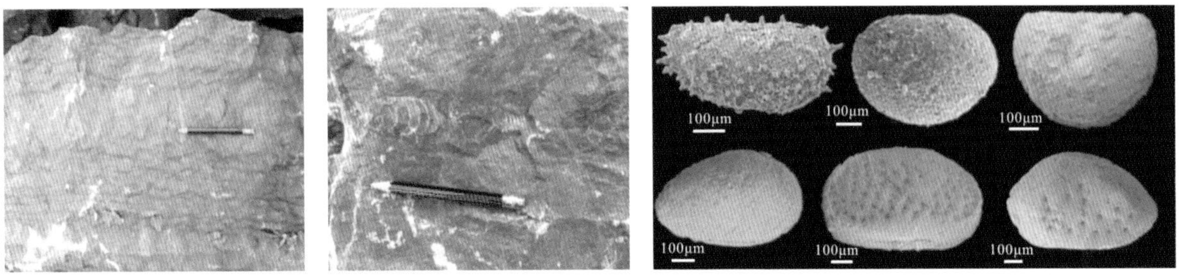

图 4-15　秭归西陵峡奥陶纪宝塔组灰岩露头及产出介形虫化石代表(据 Zhang et al. ,2018)

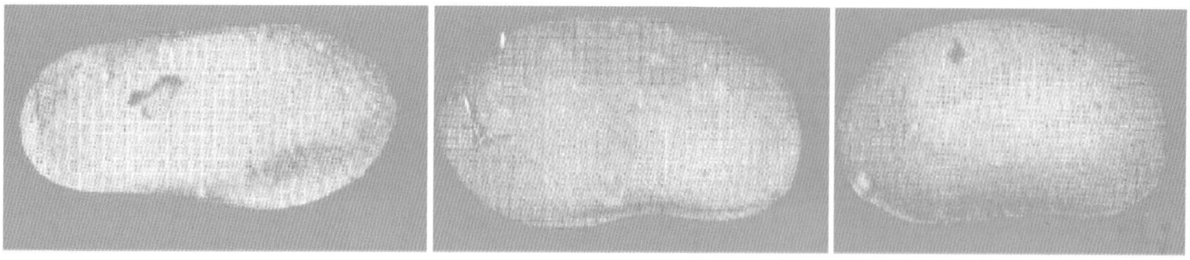

图 4-16　宜昌王家湾早志留世罗惹坪组产出介形虫化石代表(据孙全英,1988)

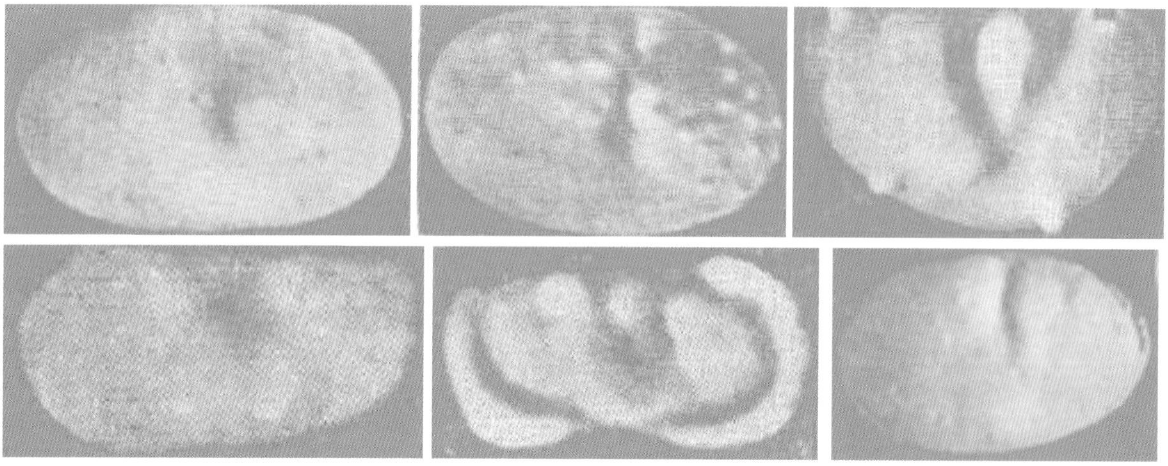

图 4-17　鄂西长阳上泥盆统写经寺组产出介形虫化石代表(据侯祐堂,1955)

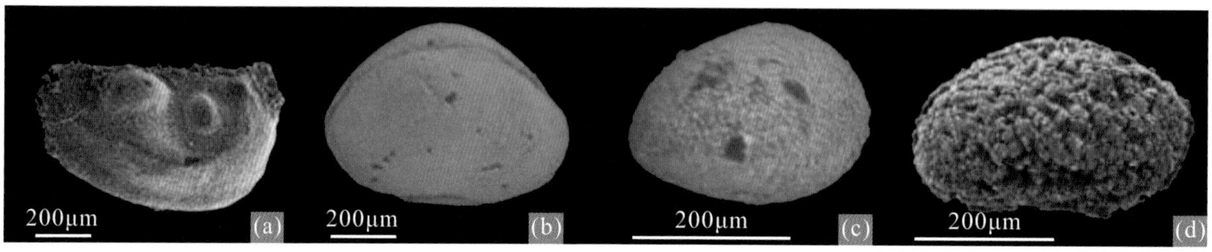

图 4-18　崇阳二叠纪—三叠纪之交含微生物岩剖面介形虫化石代表

a. *Hollinella tingi*(Patte);b. *Bairdia* sp. 6;c. *Basslerella obesa*;d. *Bairdiacypris ottomanensis*

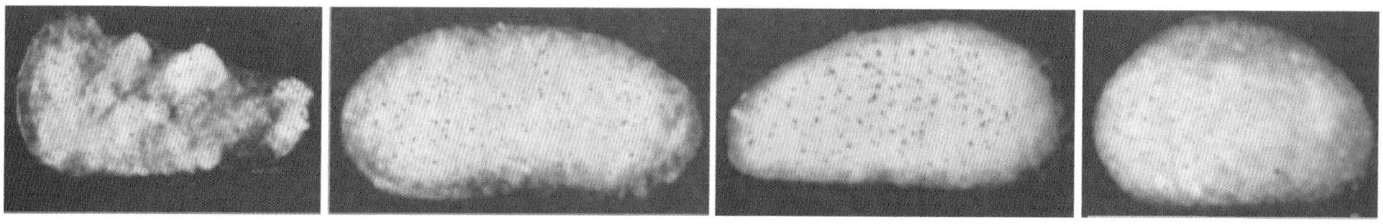

图 4-19　巴东中三叠世所产介形虫化石代表(据关绍曾,1985)

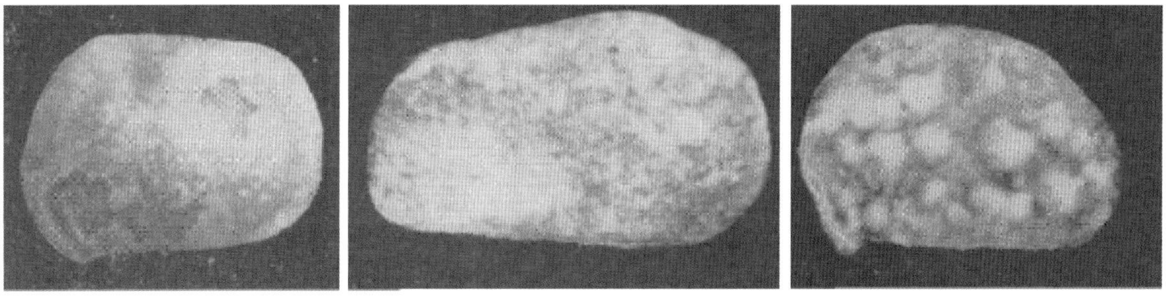

图 4-20　湖北东南部中生代晚期火山沉积岩中产出介形虫化石代表(据关绍曾,1985)

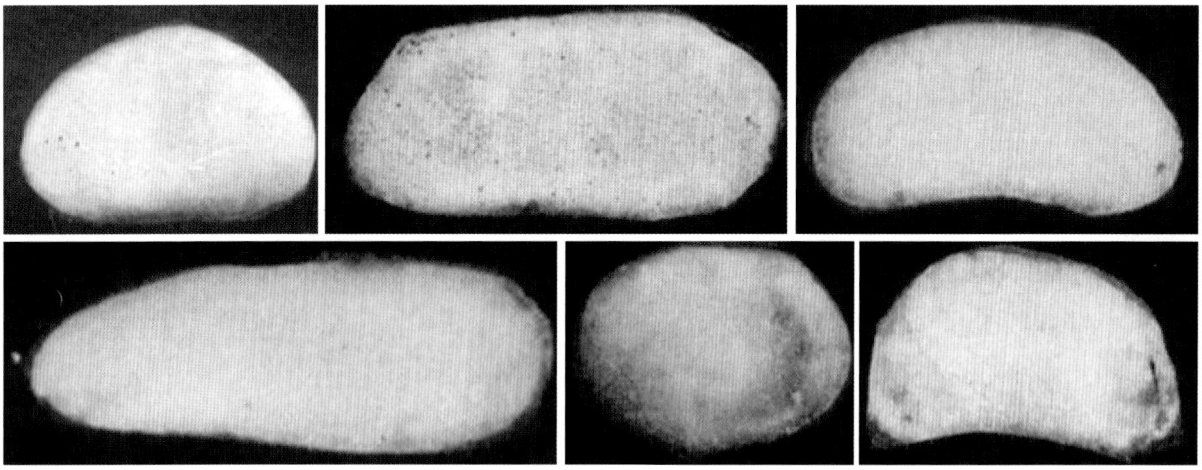

图 4-21　十堰丹江口李官桥盆地古近纪产出介形虫化石代表(据关绍曾,1984)

知识链接

介形虫广泛的生存环境和漫长的地质历史,使其在湖北省内各时代地层中均有不同程度的分布,如报道于鄂西宜昌、长阳、秭归和鄂北随县等地的奥陶纪、志留纪、泥盆纪产出的介形虫;崇阳、巴东二叠纪、三叠纪产出的介形虫以及古近纪红层中的介形虫。(图 4-15~图 4-21)。

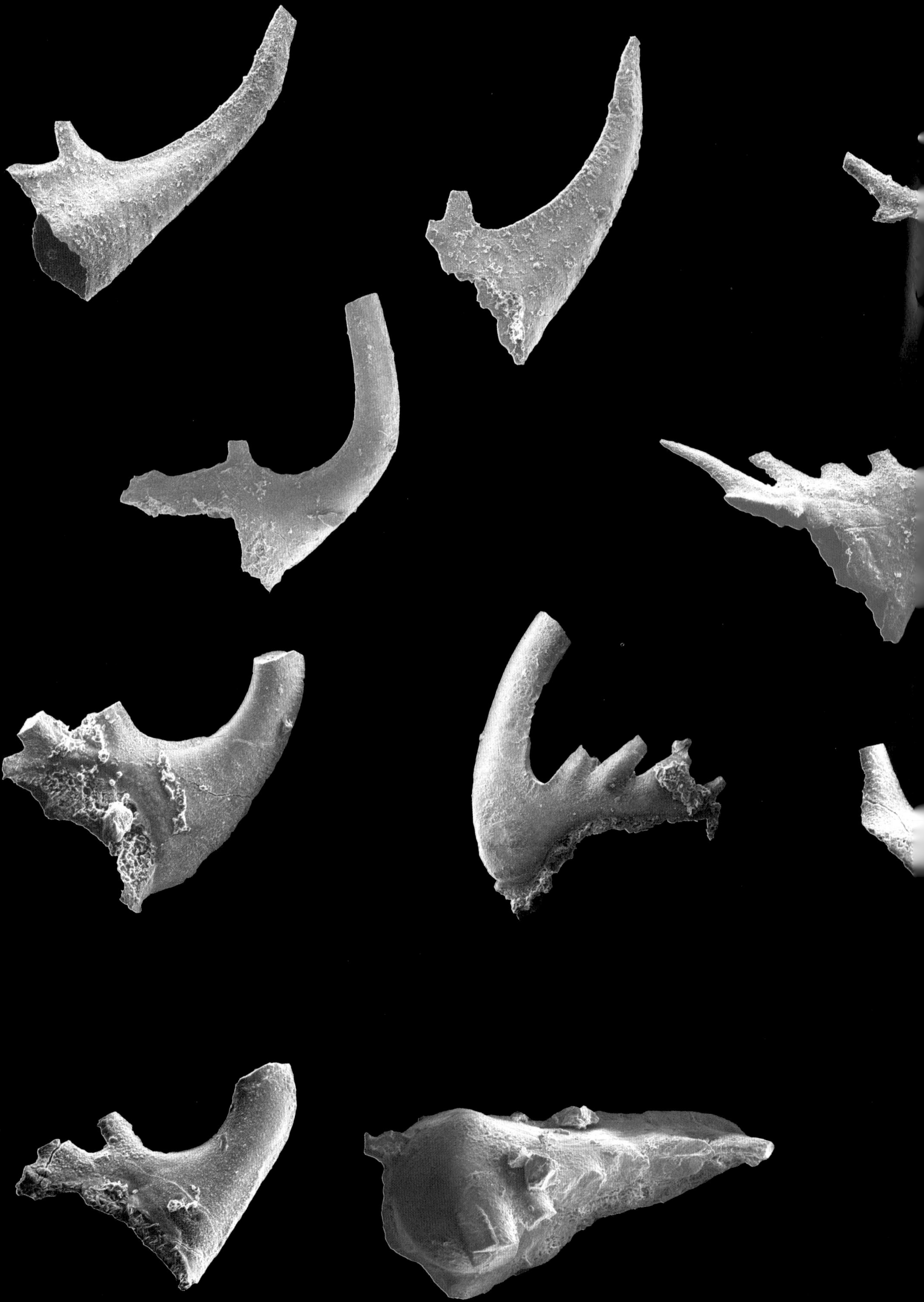

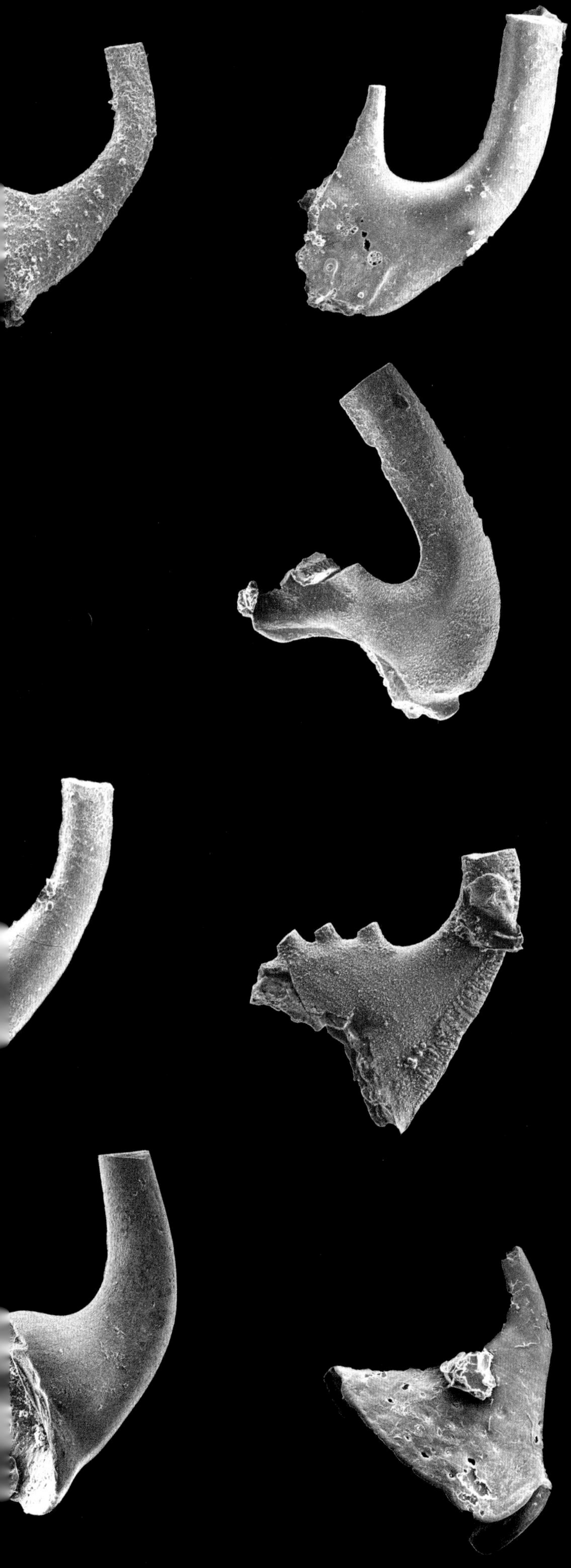

牙形石化石

◎江海水

知识链接

牙形石又名牙形刺，是一类已绝灭的生物门类头部的骨骼器官，这类生物分类位置未定。但根据Aldridge和Purnell(1996)的研究，这类生物应该属脊索动物门，与现在的盲鳗或者七鳃鳗存在亲缘关系(图4-22)。组成牙形石动物的骨骼器官的微小分子，即牙形石，其形态各不相同，通常这些微小分子呈分散状态保存，大小一般在0.1~1mm，颜色呈琥珀褐色、灰黑色或黑色，透明或不透明，化学成分主要为磷酸钙(图4-23、图4-24)。

图4-22　牙形石动物复原图(据Aldridge和Purnell，1996)

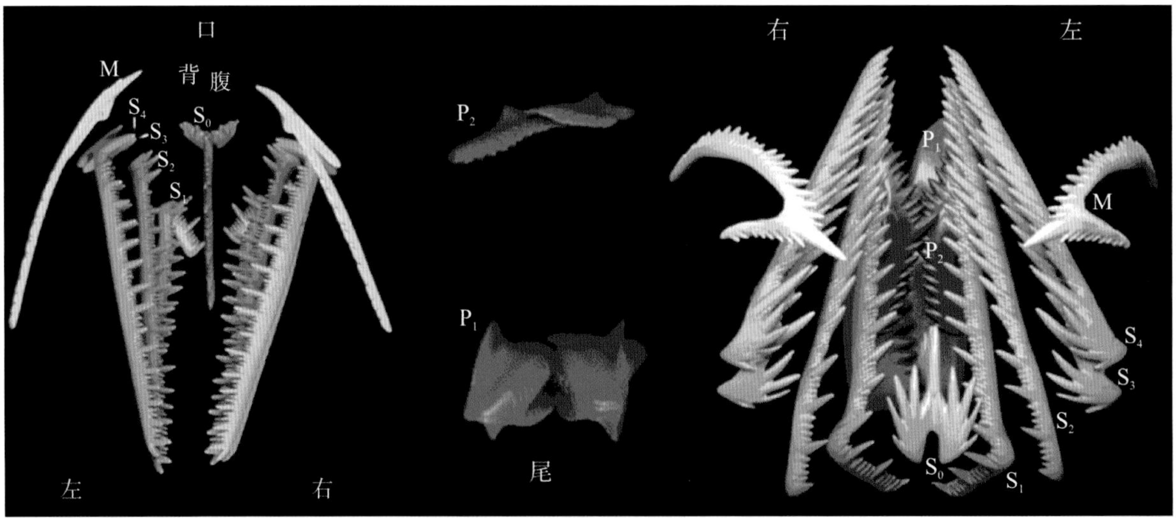

图4-23　牙形石分子的解剖学命名及生物学上的定向

图 4-24　牙形石异颚刺属(***Idiognathodus***)自然群集

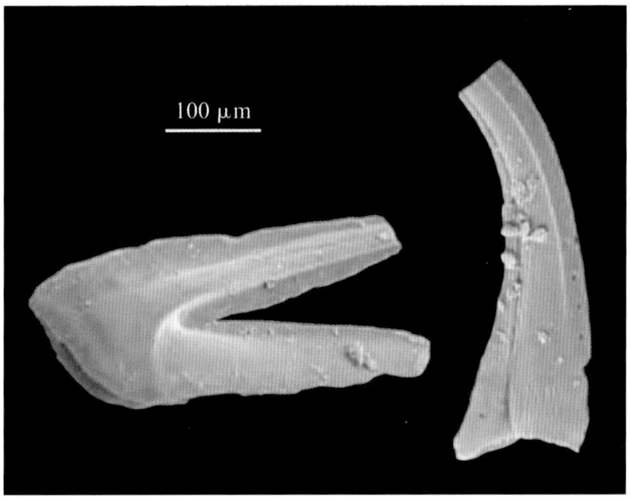

图 4-25　产自湖北远安奥陶系牯牛潭组内的锥型分子(据王志浩等,2015)

左为 ***Drepanoistodus venustu***, 右为 ***Panderodus gracilis***

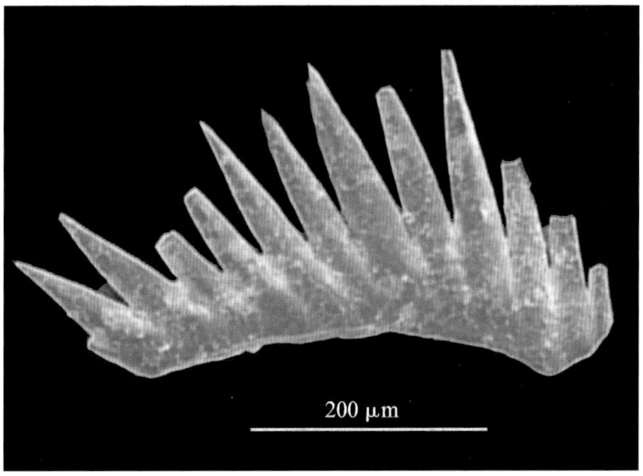

图 4-26　产自建始吴家坪组内的枝型分子,***Clarkina*** 属 S_0 分子远端

知识链接

完整的牙形石动物的骨骼器官一般由15~19个分子组成，大多数为15个分子，分别为P_1、P_2、M、S_1、S_2、S_3、S_4分子，以及一个S_0分子。S与M分子位于近前端，P分子位于靠后的位置，S_0分子位于身体对称面上，S_1、S_2、S_3、S_4、M分子向两侧依次排列（图4-23、图4-24）。

牙形石在古生代到三叠纪的海相地层中广泛分布，在各种岩性中均有发现，但以泥质灰岩、灰岩居多。在我省广泛分布于鄂西、鄂东南等地区的古生代及三叠纪的海相地层中。但由于是微体化石，肉眼不可见，需要处理出来在显微镜下观察研究（图4-25~图4-29）。

图4-27　产自恩施的几种牙形石（李福林提供）

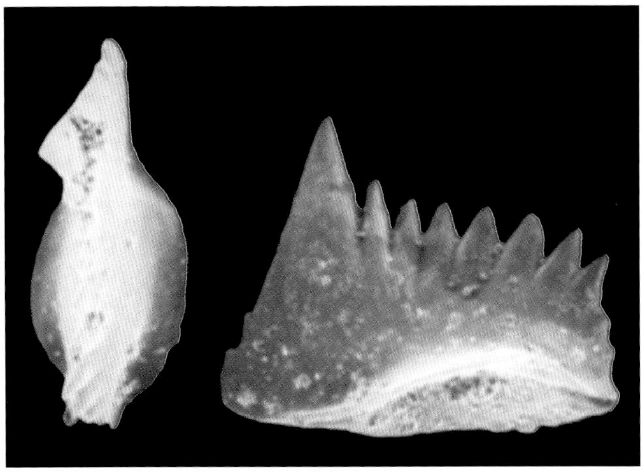

图 4-28　产自兴山大冶组内的片状梳型分子(据 Zhao et al., 2013)
(*Hindoedus parvus*)

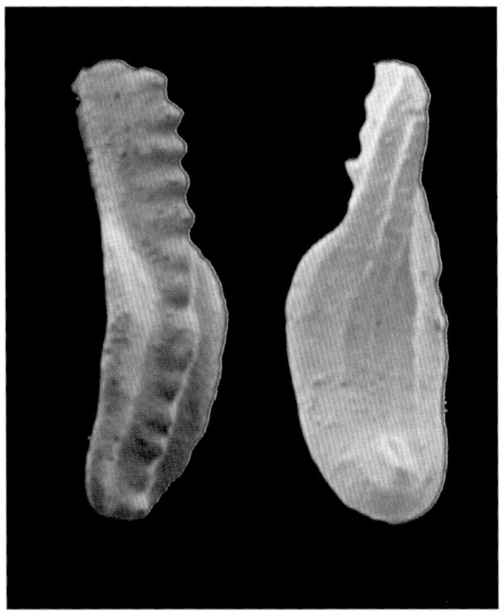

图 4-29　产自阳新吴家坪组内的齿台状梳型分子
(*Clarkina leveni*)

知识链接

牙形石由于分布广泛，演化迅速，易于获得，是古生代及三叠纪海相地层划分与对比的重要标志。湖北宜昌黄花场竖立的中奥陶统暨大坪阶底界全球界线层型剖面（“金钉子”）就以三角波罗的刺牙形石(*Baltoniodus triangularis*)的首现作为界线标志(图 4-30)。

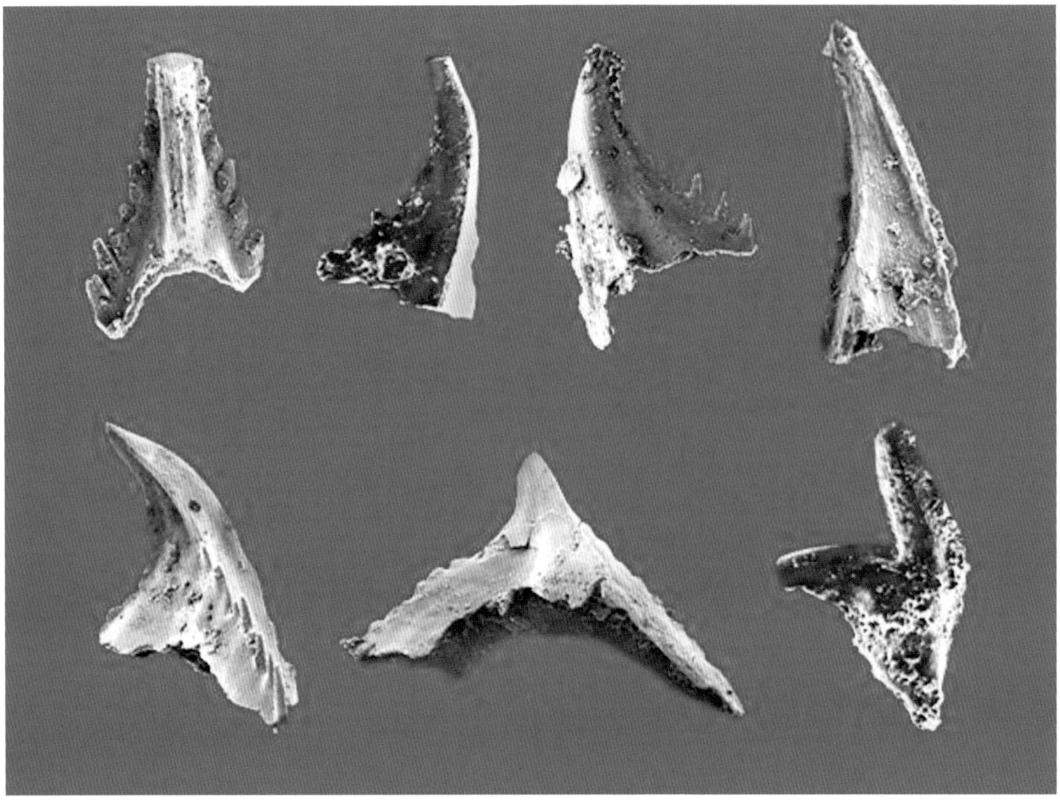

图 4-30　三角波罗的刺(***Baltoniodus triangularis***)(据汪啸风等,2013)

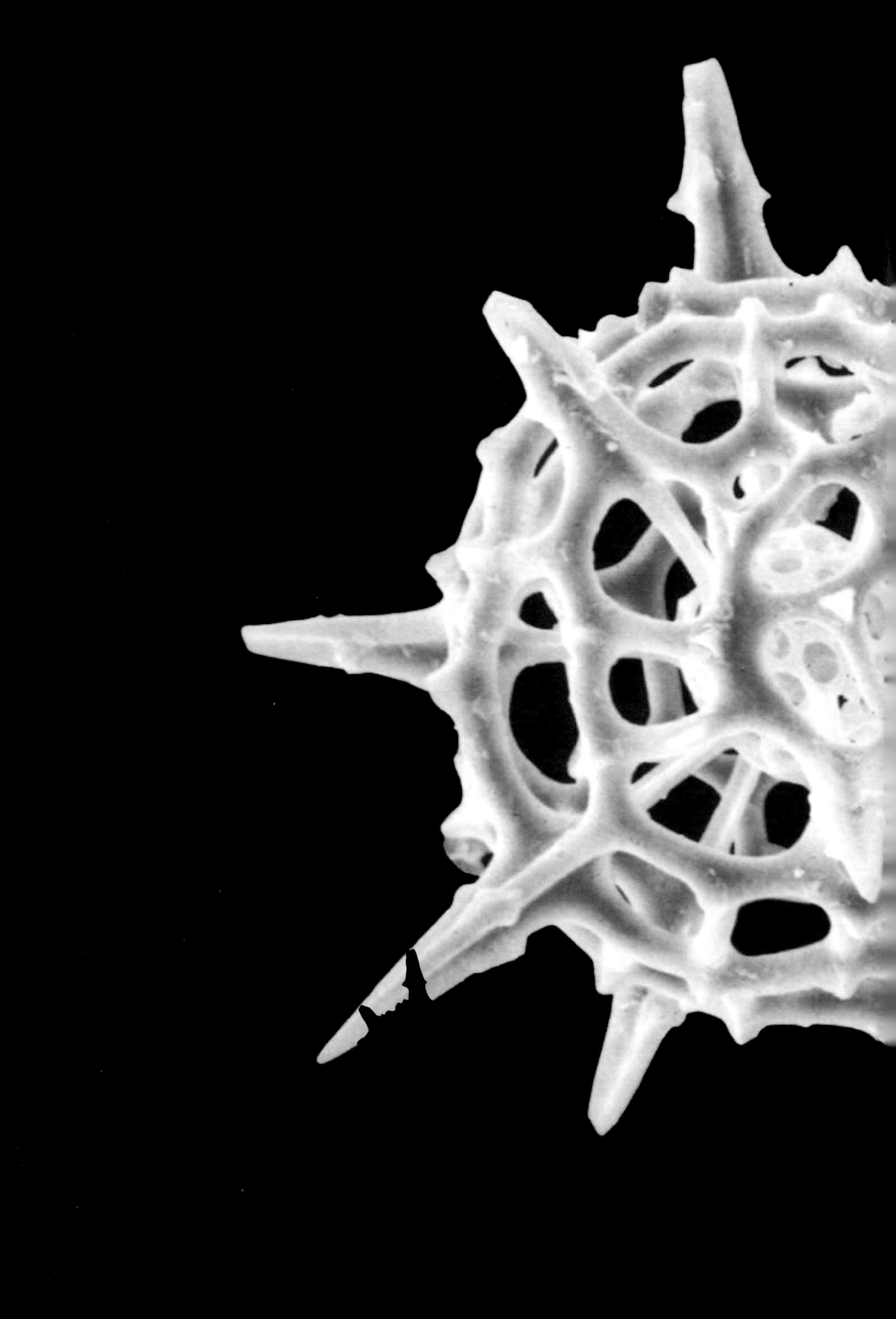

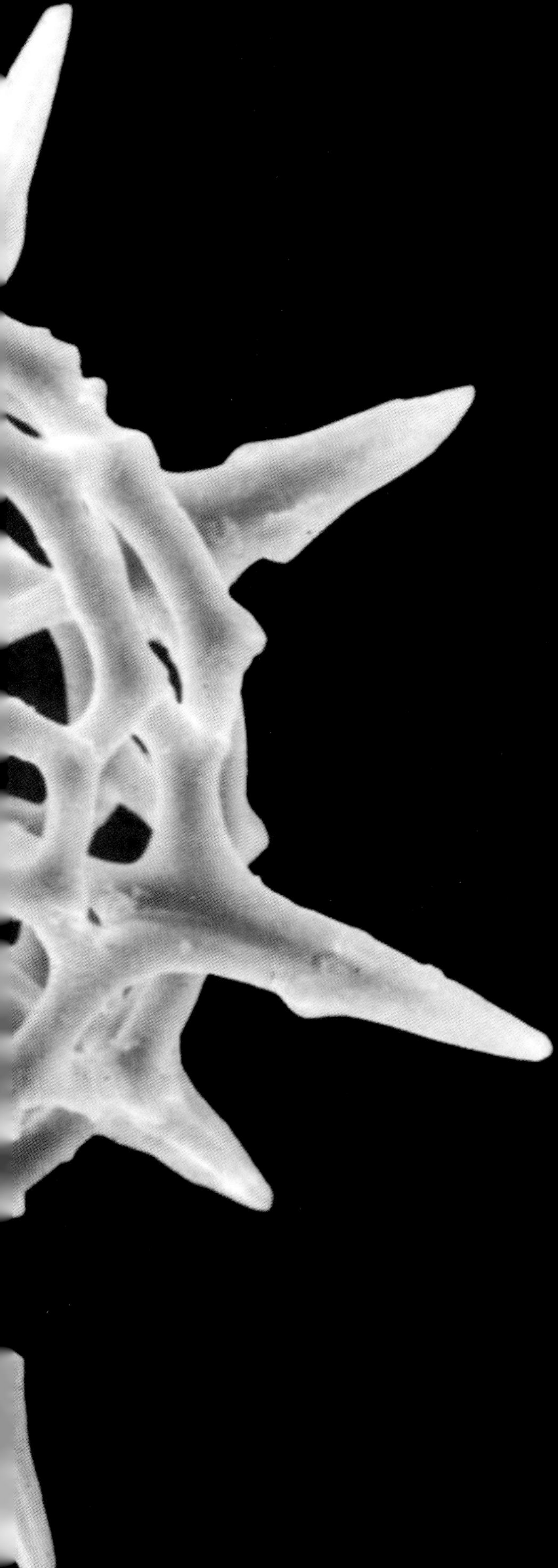

放射虫化石

◎冯庆来

知识链接

放射虫是具有轴伪足的海生单细胞浮游动物，属原生动物门辐足纲放射虫亚纲。它与其他原生动物的主要区别是在体中央有 1 个球形、梨形或圆盘形的中心囊（图 4-31～图 4-34）。中心囊表面覆有几丁质或类黏蛋白质的薄膜，将细胞质分为囊内和囊外两部分。囊内和囊外的细胞质通过中心囊膜表面上的小孔相互沟通。囊内有 1 个或多个细胞核和各种细胞器，司营养和生殖功能。囊外细胞质多泡，能增加放射虫的浮力，以利于浮游；放射虫喜好大洋环境，营漂浮生活，它们的分布十分广泛，几乎遍及世界所有海域。

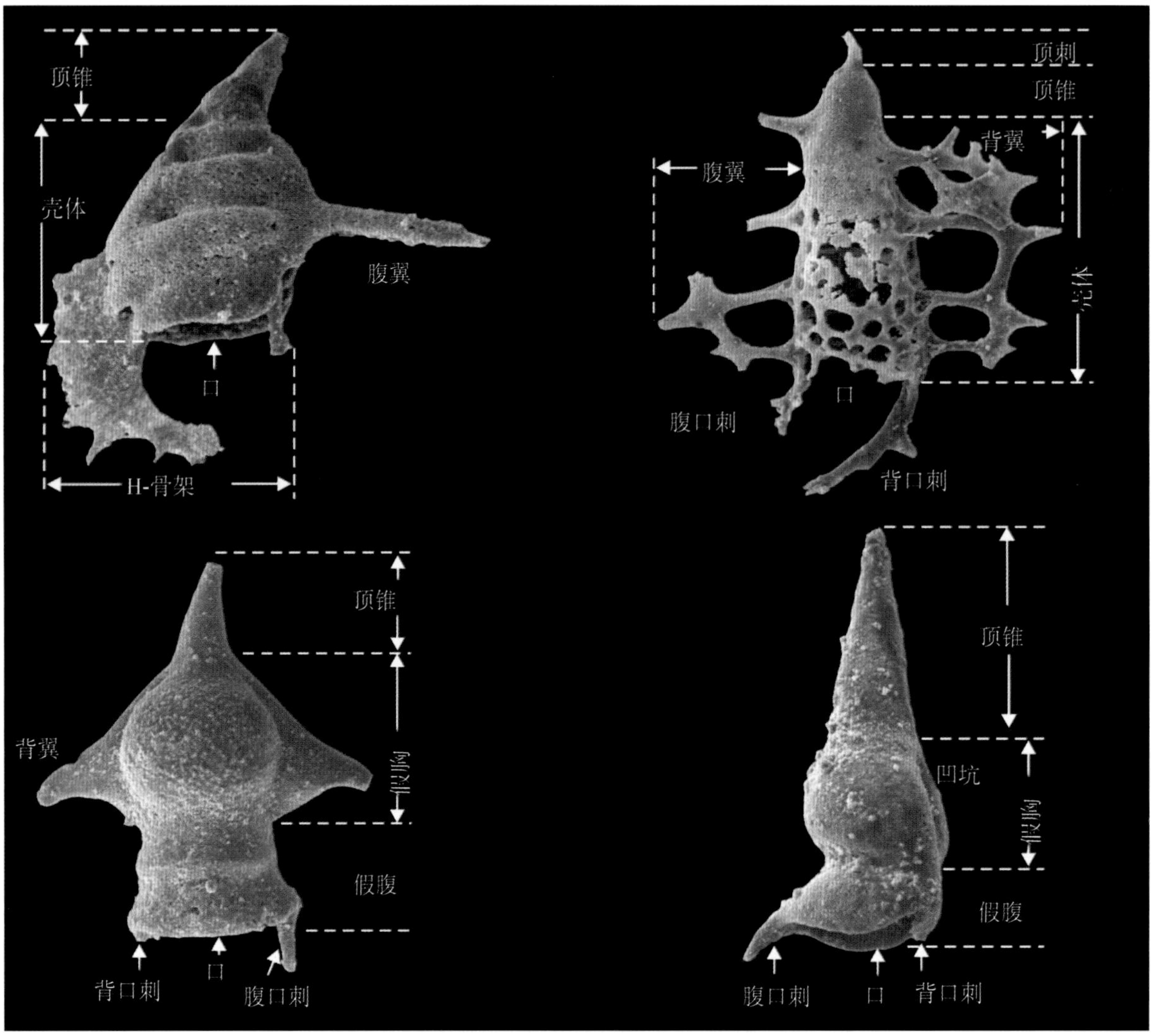

图 4-31　阿尔拜虫目介形虫代表分子的骨骼构造定向及命名

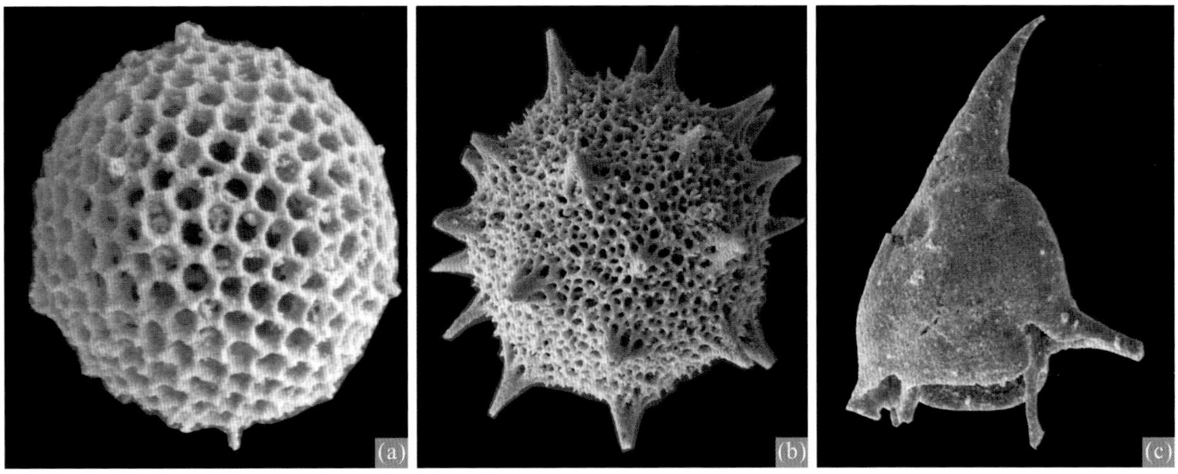

图 4-32　放射虫的骨骼类型

a. 格子状壳；b. 泡沫状壳；c. 板状壳

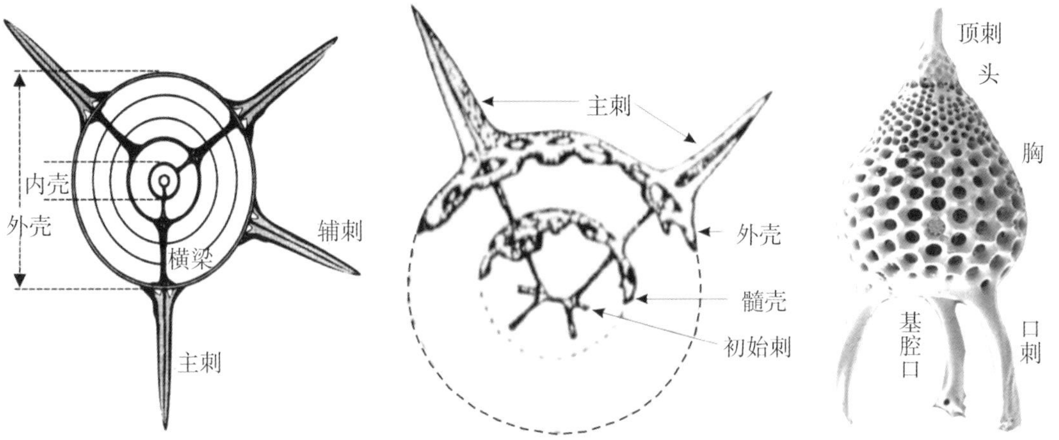

图 4-33　泡沫虫目、内射球虫目、罩笼虫目的结构

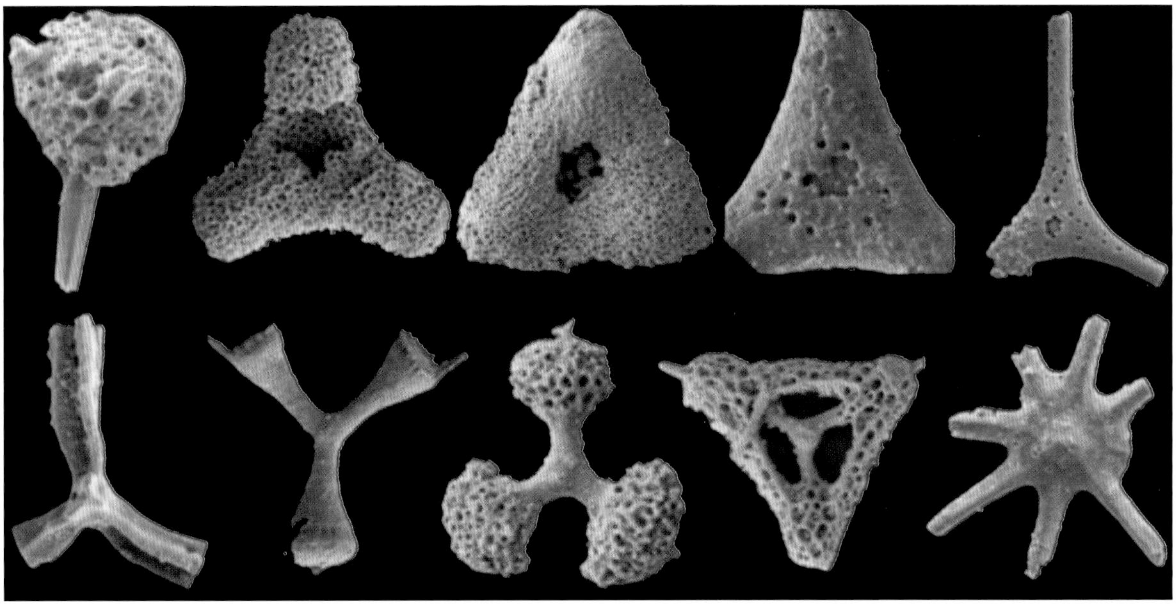

图 4-34　隐管虫目代表分子

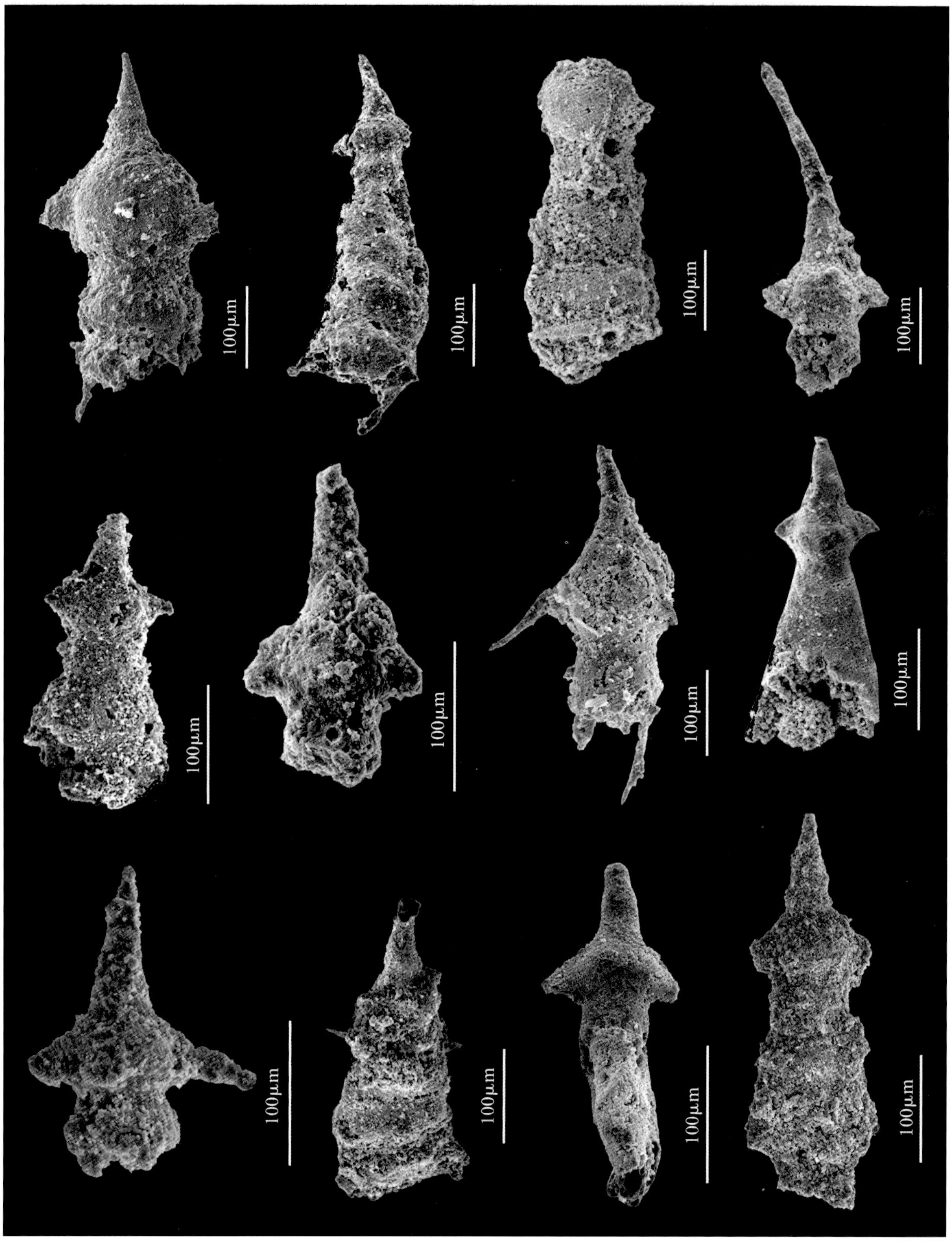

图 4-35　建始茅草街剖面孤峰组放射虫化石

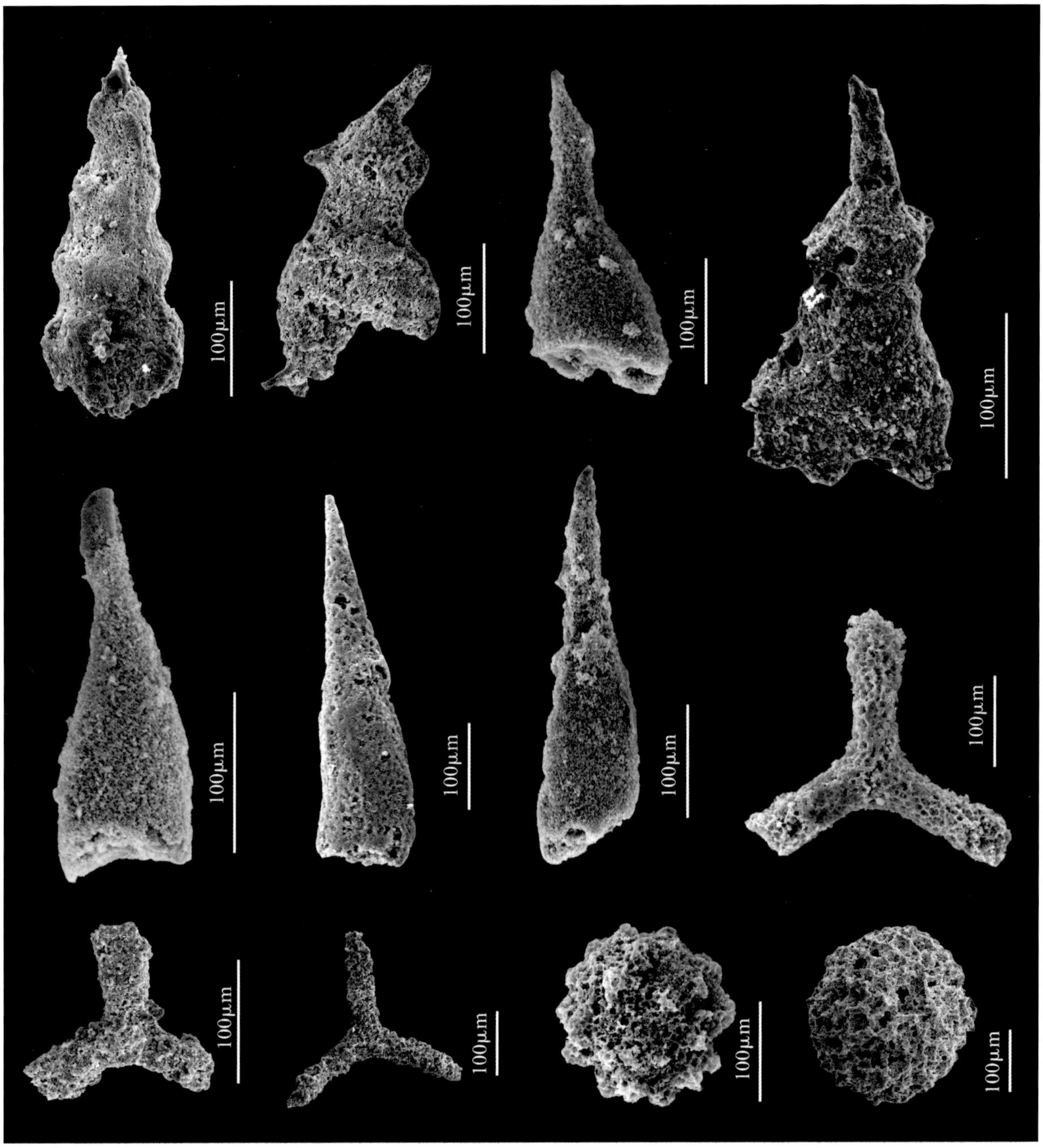

图 4-36　建始茅草街剖面大隆组放射虫化石

知识链接

湖北放射虫化石产于 4 个地层层位，包括寒武纪水井沱组、奥陶纪五峰组、二叠纪孤峰组和大隆组（图 4-35、图 4-36）。寒武纪水井沱组放射虫化石发现于鄂西宜昌地区；奥陶纪五峰组放射虫化石在鄂西地区有广泛发现，包括宜昌、恩施和十堰地区；二叠纪孤峰组和大隆组放射虫化石在鄂西及东南地区有广泛报道，类型多样。上述层位普遍有机质含量较高，是目前页岩气勘探的有利目标层位。

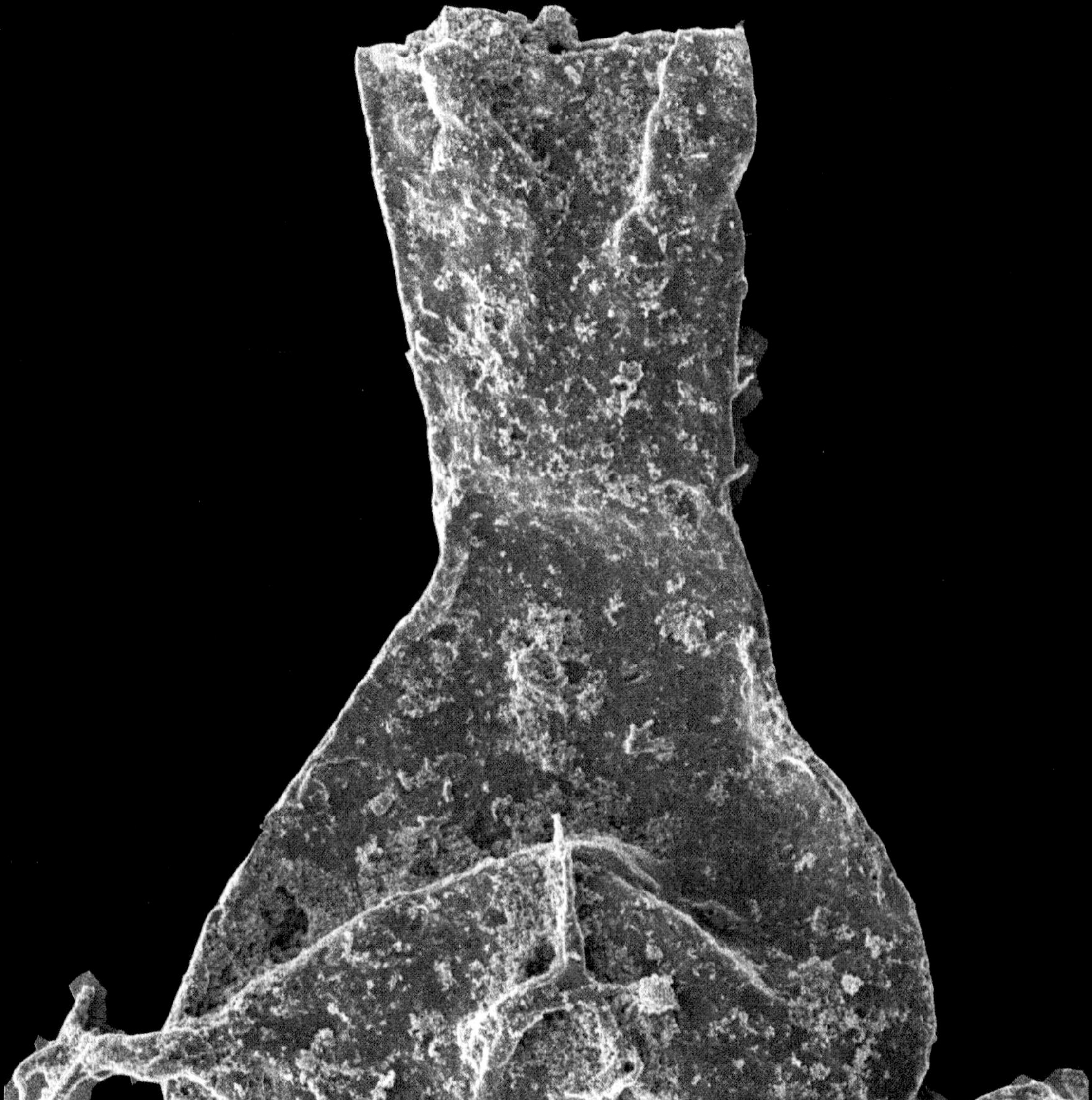

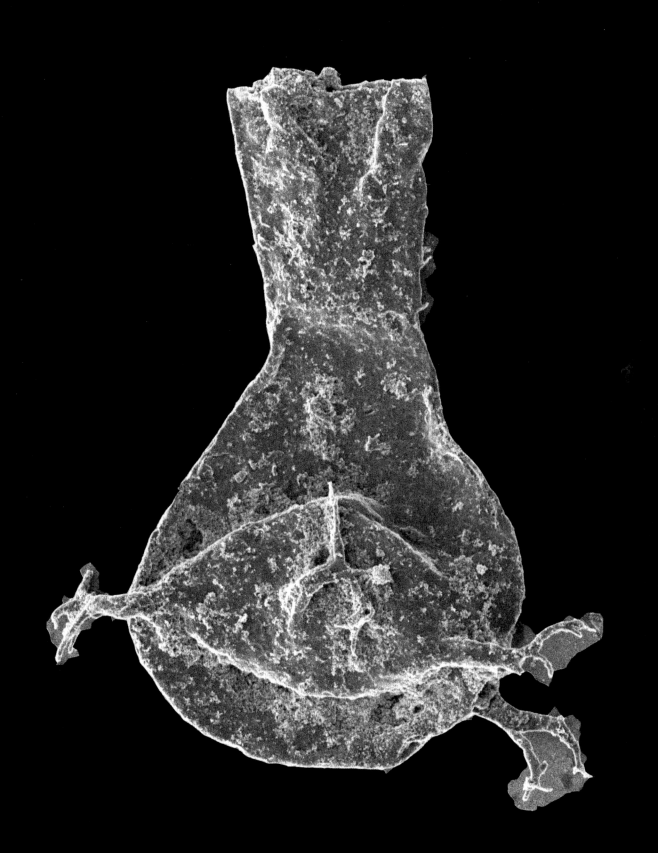

几丁虫化石

◎张 淼

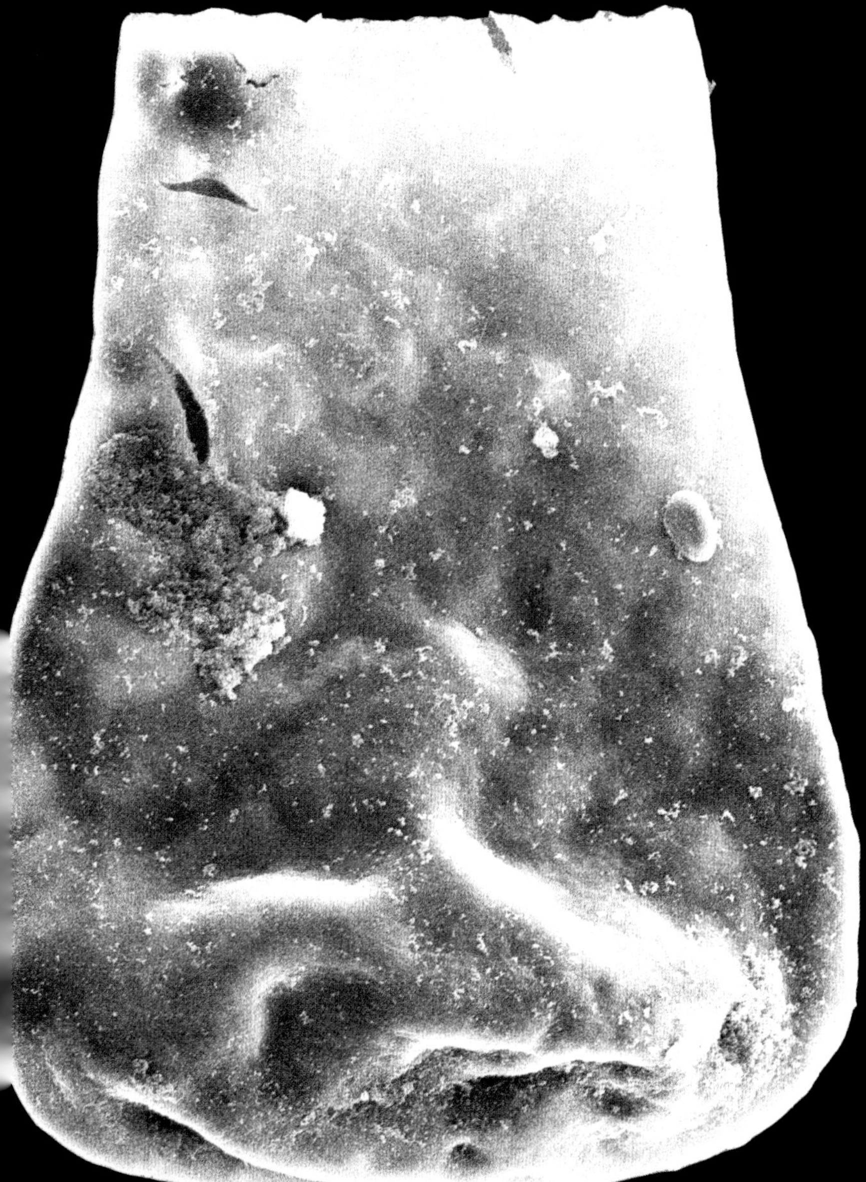

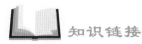

知识链接

几丁虫(Chitinozoans)是一类大小为50~2 000μm,亲缘关系不明、分类位置不定的海生微体古生物化石。几丁虫最早是在欧洲波罗的海地区距今4亿多年的奥陶—志留系地层里发现的,具有不透明或半透明的类几丁质壳壁(图4-37、图4-38),1931年由德国微体古生物学家Eisenack命名。由于几丁虫在泥盆纪末全部绝灭,没有现存生物可以提供对比,所以它的身世也是迷雾重重(图4-39)。研究者们众说纷纭,提出的假说包括:某种变形虫的外壳,某种铠甲动物的外壳,笔石幼体,其他未知动物的卵或者幼体等,且几丁虫的外形多样(图4-40、图4-41)。

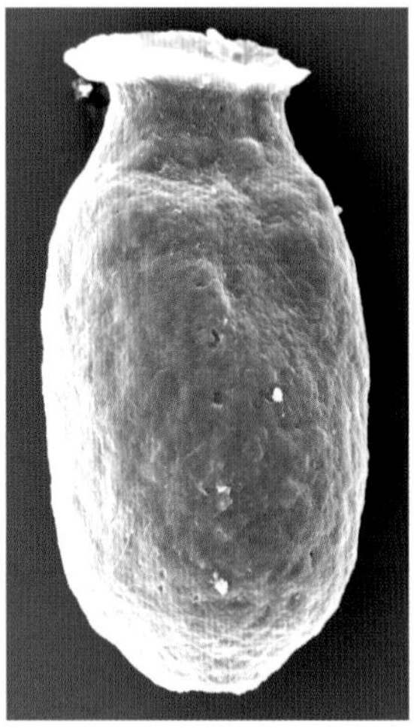

图4-37 几丁虫及几丁质壳壁

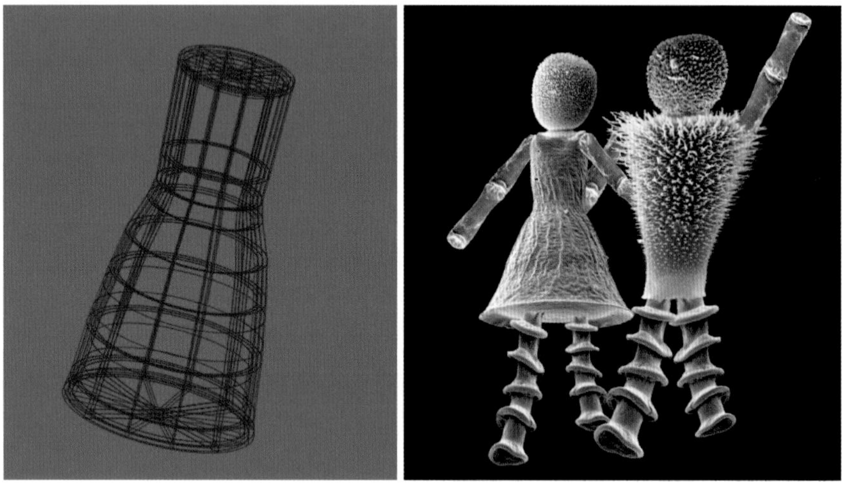

图4-38 几丁虫模型(据Thijs Vandenbroucke等,2011)

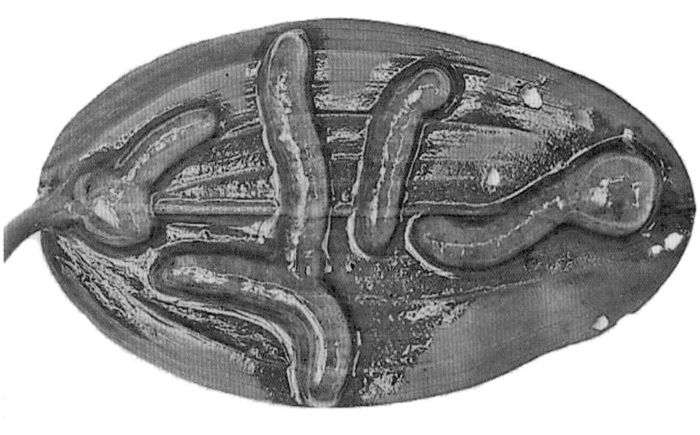

图4-39 猜想几丁虫可能类似某些动物的卵

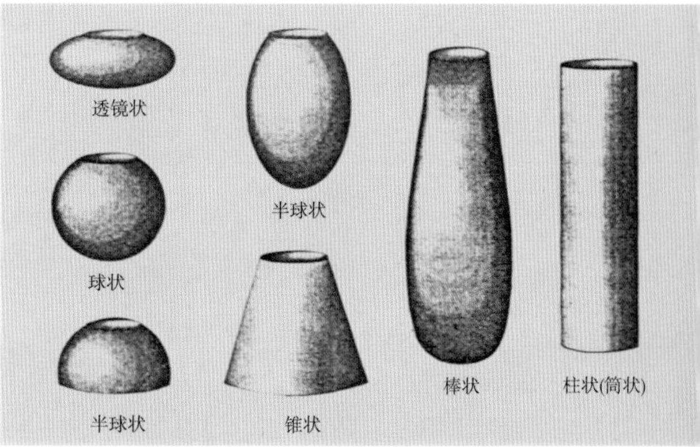

图4-40 几丁虫体的基本形态类型

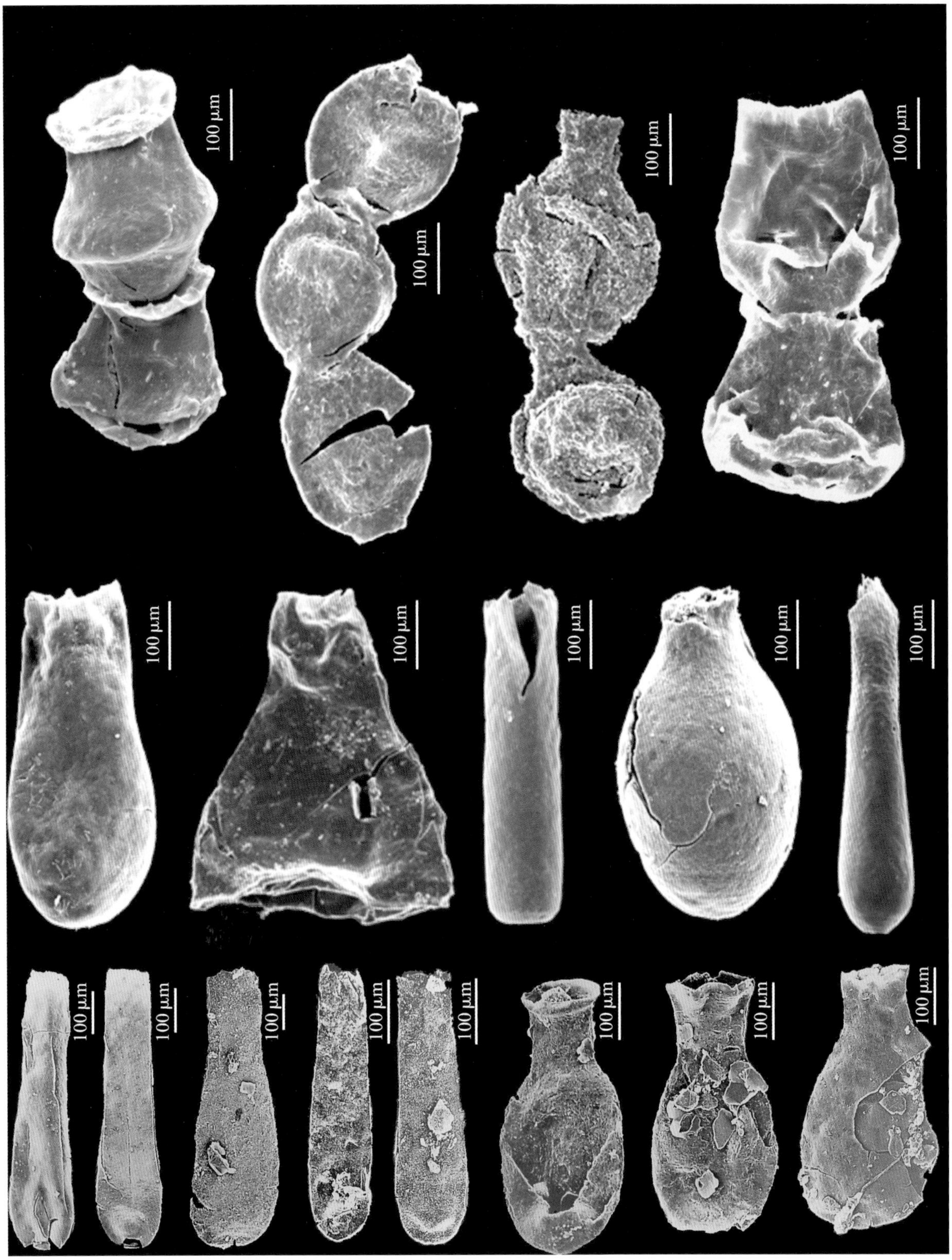

图 4-41　宜昌地区发现的各种形状的几丁虫化石

五、脊椎动物化石

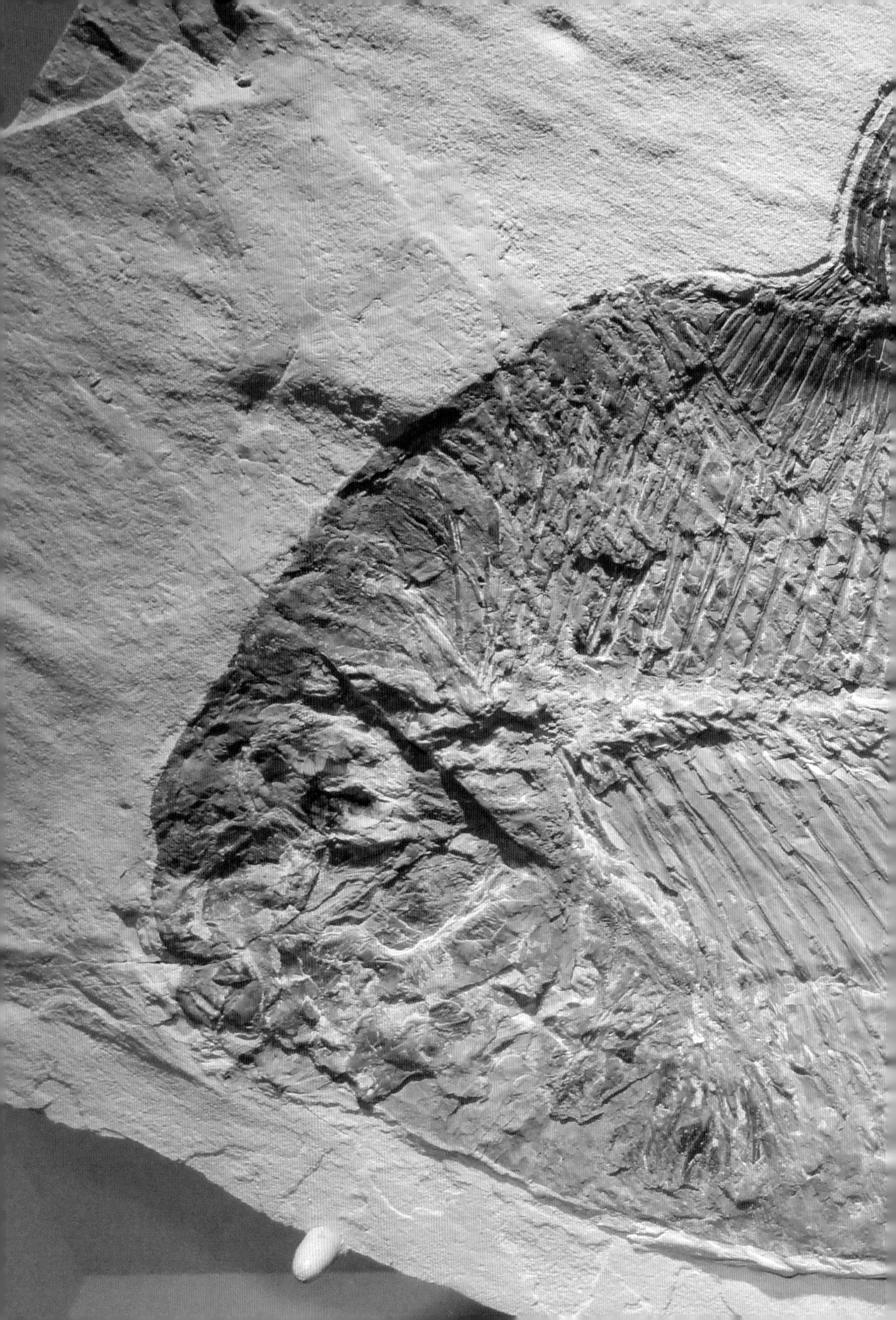

鱼类化石

◎彭中勤 汪啸风

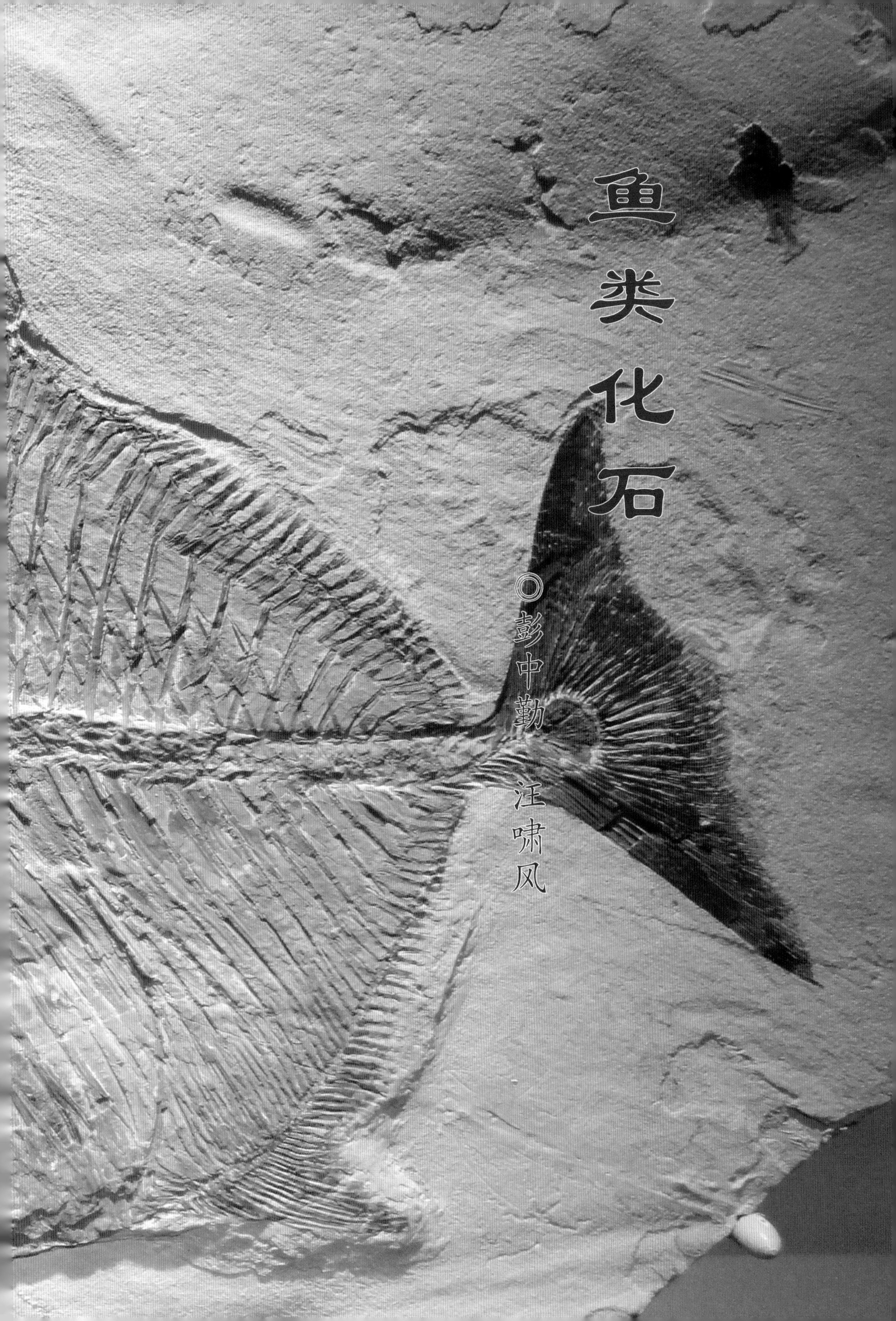

知识链接

鱼类化石研究历史悠久，一般认为鱼类化石最早发现于距今4.9亿—4.43亿年(奥陶纪)的地层，但那时鱼类的化石是不完整的，一直到距今4.25亿年左右(志留纪晚期)，才获取了关于鱼类化石与早期脊椎动物关系的概念。到了距今4.19亿—3.58亿年的泥盆纪时期，各种古今鱼类均已出现(图5-1)，所以人们一般把泥盆纪称之为“鱼类的时代”。

图5-1　鱼类化石的分类

a. 英国泥盆纪老红砂岩中的无颌类，鱼长25cm；b. 加拿大泥盆纪晚期盾皮类，鱼长40cm；c. 俄罗斯二叠纪早期软骨鱼，鱼长3.5m；d. 美国中始新世绿河组的硬骨鱼

知识链接

最早的鱼：1999 年 4 月在我国云南省昆明市海口镇距今 5.3 亿年的寒武系纽芬兰统地层中发现两种鱼化石——“海口鱼”与“昆明鱼”（图 5-2）（罗惠麟等，1999；舒德干等，1999，2003）则改变了传统的鱼类最早出现在奥陶纪的说法。这类长度约 3cm，全身裸露，没有鳞片的昆明鱼和海口鱼的发现，不仅将包括人类在内的整个脊椎动物演化史向前推进了 5 000 万年，而且改写并完善了脊椎动物早期演化理论，并且证实了它们不仅是已知最古老的脊椎动物，而且还属于地球上一类最原始的脊椎动物。

图 5-2　昆明鱼（*Myllokunmingia*）：鱼表皮无骨骼和鳞片，身体呈纺锤形，可分为头部和躯干部两部分

湖北的鱼化石

图 5-3　锅顶山汉阳鱼（*Hanyanggaspis guodingshanensis* Pan et Liu）及其复原图（据湖北省区域地质测量队，1984）
1. 前中背孔，2. 眼孔，3. 主侧线沟，4. 背棘

知识链接

湖北省的鱼类化石较为丰富和多样,前述的四大类型鱼类化石在湖北省均有代表。在汉阳锅顶山距今约4.3亿年左右的早志留世锅顶山组发现的锅顶山汉阳鱼系湖北省发现的最早的属于无颌类鱼类化石(图5-3)。在锅顶山与此类鱼共生的还有属于硬骨鱼类中华棘鱼和新中华棘鱼,但多以鳍棘的形式保存。最值得一提的是,在松滋早始新世洋溪组中产有丰富的以湖北江汉鱼为代表的多样硬骨鱼化石(图5-4~图5-6)。湖北省软骨鱼化石发现不多,目前已知最具代表性的软骨鱼化石当属在荆门二叠纪地层中发现的旋齿鲨化石(Chen et al., 2007)(图5-7)。

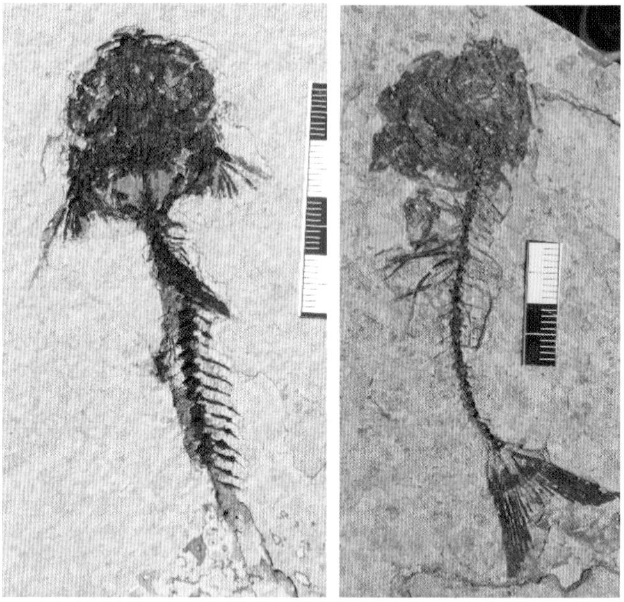

图5-4 一种尚待定名形似现生黄颡鱼的鱼类化石

图5-5 湖北江汉鱼(***Jianghanichthys hubeisis***)(据汪啸风,2015)

图 5-6 中华金龙鱼(*Scleropages sinensis* sp. nov)化石正型标本(a)与东南亚美丽金龙鱼(b)及澳大利亚雷卡德金龙鱼(c)对比(引自张江永等,2017)

图 5-7 荆门二叠纪栖霞灰岩中的旋齿鲨化石(a、b)及其生活方式环境再造(c)(据 Chen et al. ,2007)

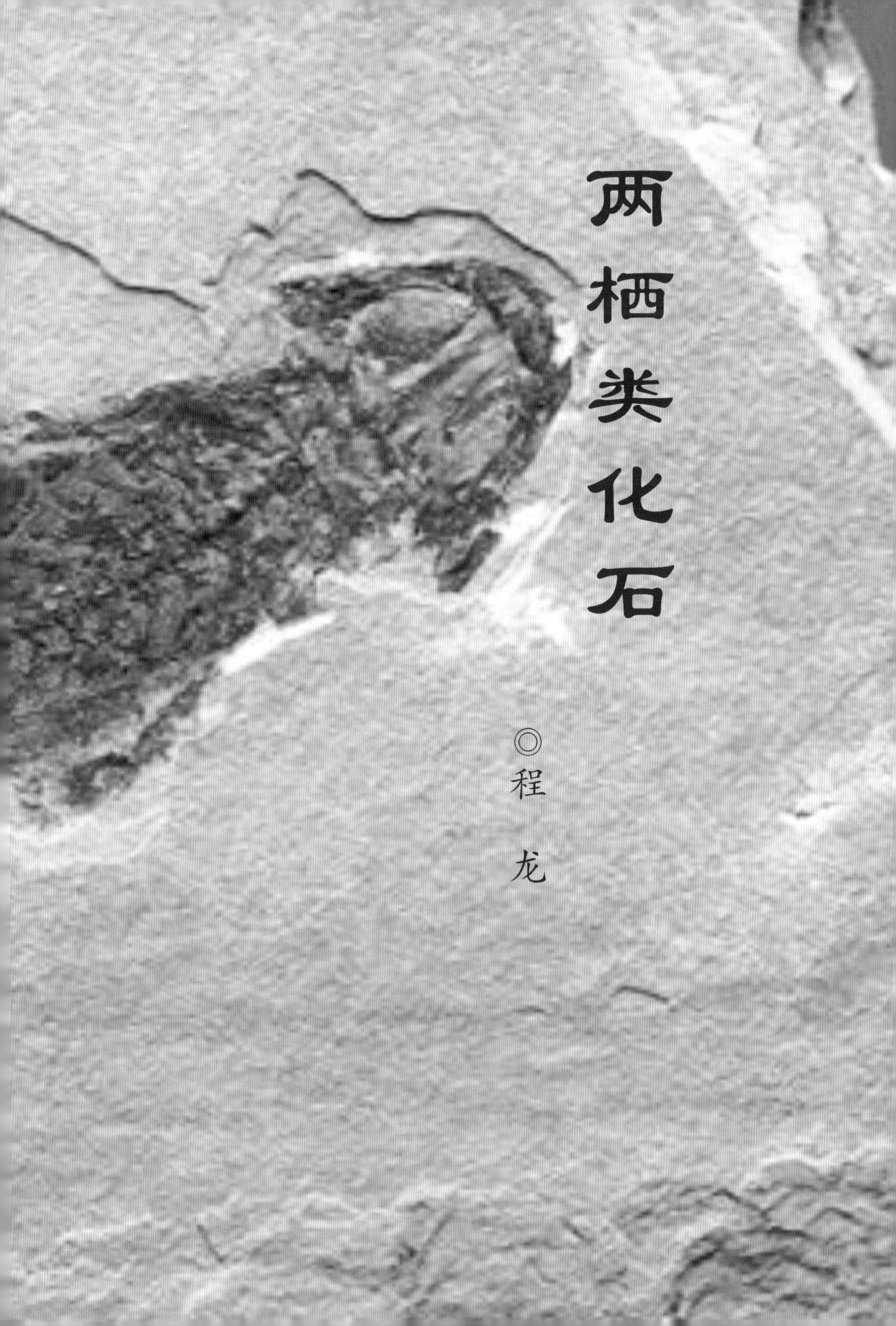

两栖类化石

◎程　龙

知识链接

两栖类是约4亿年前最早登上陆地的脊椎动物，是一类初登陆的原始的、半陆生具五趾型的变温四足动物。它们能够在陆上生活，必须回到水中产卵，皮肤裸露，分泌腺众多，混合型血液循环。其个体发育周期有一个变态过程，即以鳃(新生器官)呼吸生活于水中的幼体，在短期内完成变态，成为以肺呼吸能营陆地生活的成体。最早的两栖类化石发现于距今3.45亿年的泥盆纪。两栖类可能起源于远古时期的总鳍鱼类。

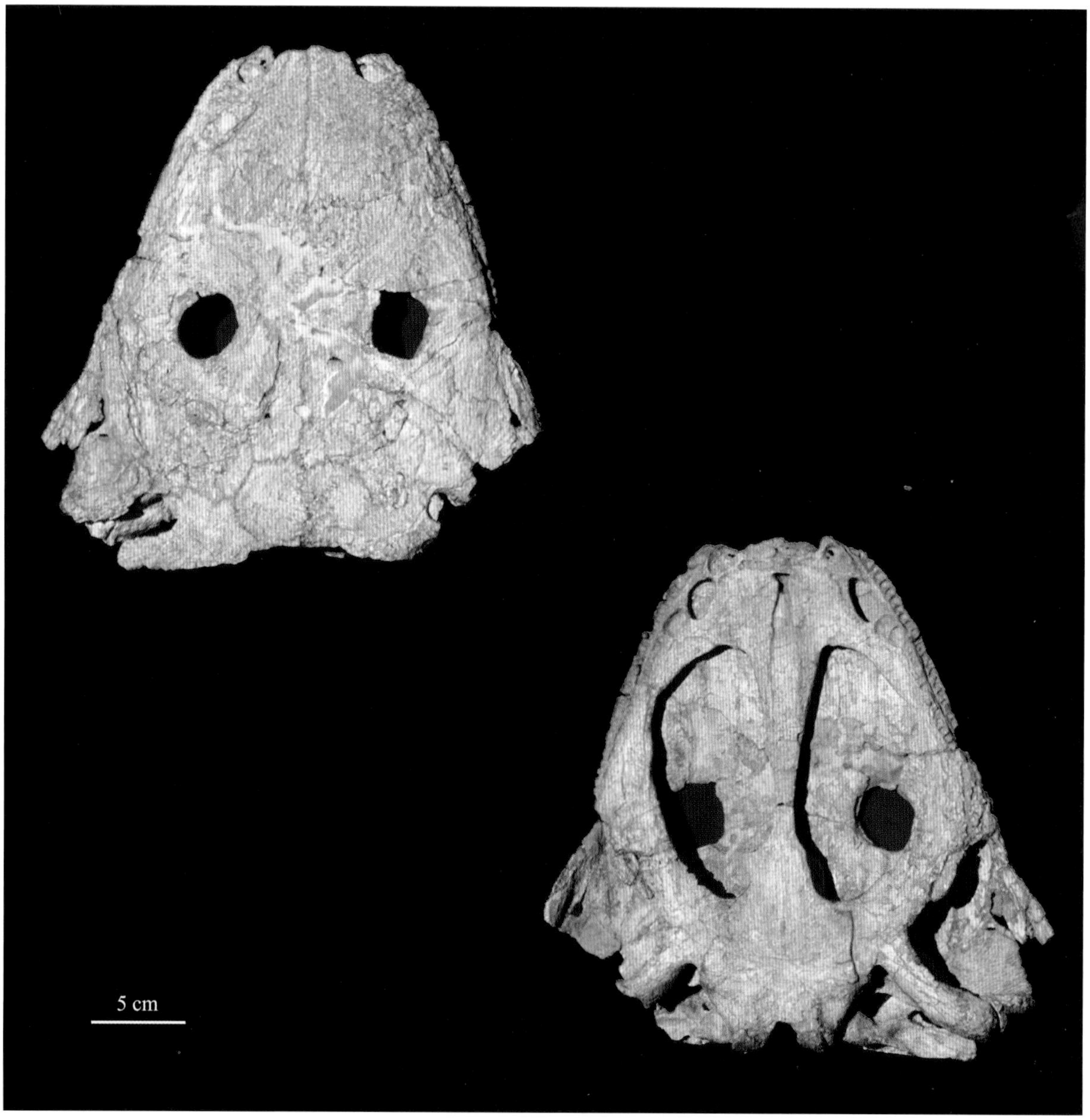

图 5-8　宽头远安鲵(*Yuanansuchus laticeps* Liu, 2005)

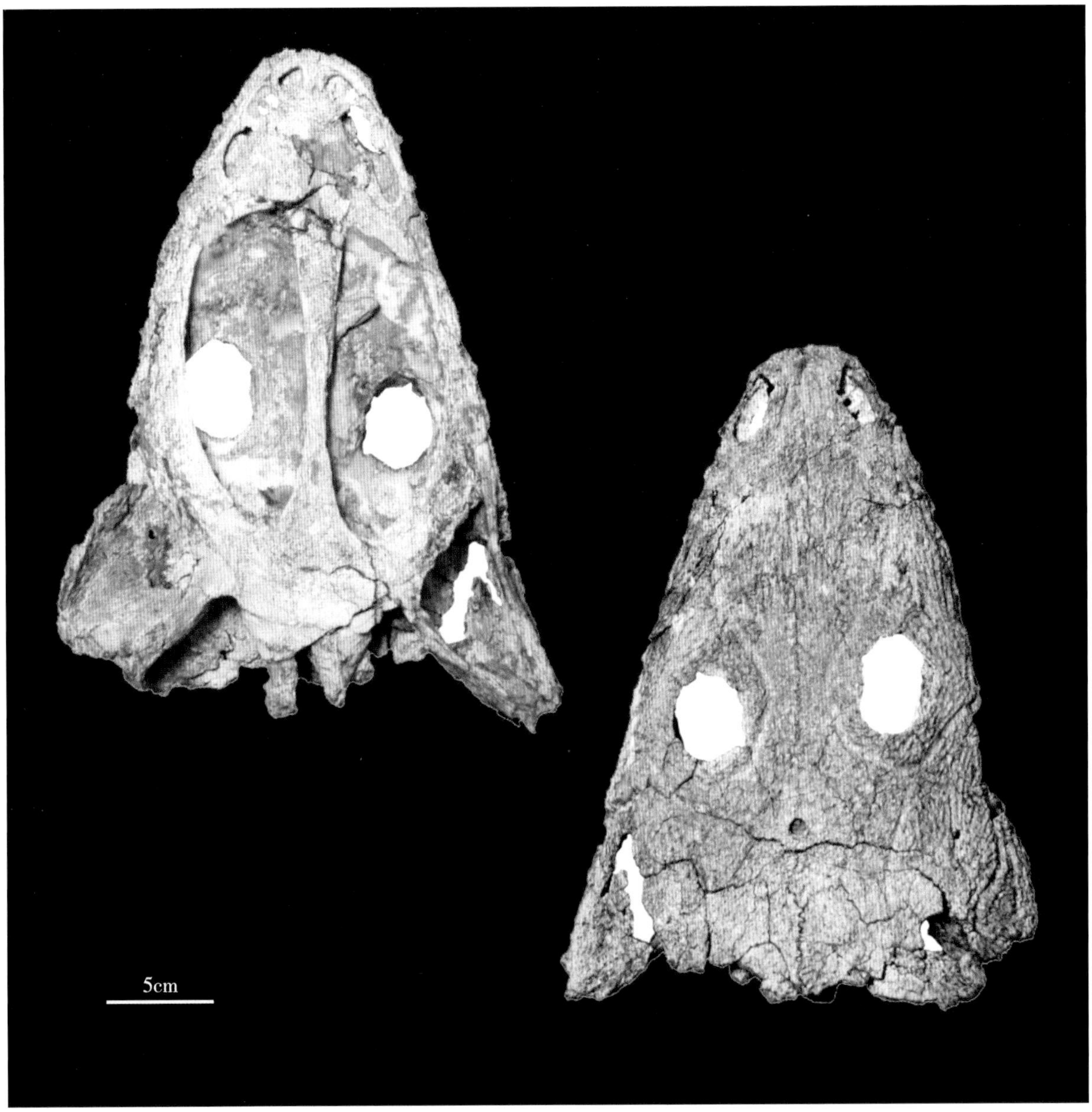

图 5-9　茅坪场远安鲵(*Yuanansuchus maopingchangensis* Liu, 2016)

知识链接

湖北省内两栖类化石极为罕见,仅在远安县茅坪场镇西侧附近的中三叠统巴东组一段紫红色泥质粉砂岩夹泥岩中发现两种远安鲵化石(图 5-8),而且多为块椎类的进化类型,一是全椎类茅坪场远安鲵,另一种是最近描述的宽头远安鲵。茅坪场远安鲵由于头形大,与宽头远安鲵差异较显著(图 5-9)。

龟鳖类化石

◎汪啸风

知识链接

龟鳖类或龟鳖目是古老而特化的爬行动物(图 5-10),属于原始的无孔亚纲,其最早的类型可能要追溯到二叠纪。但是,现在发现那时所谓龟的化石不一定是龟鳖类,而可能是某种特化的杯龙(图 5-11)。

图 5-10 现生的龟

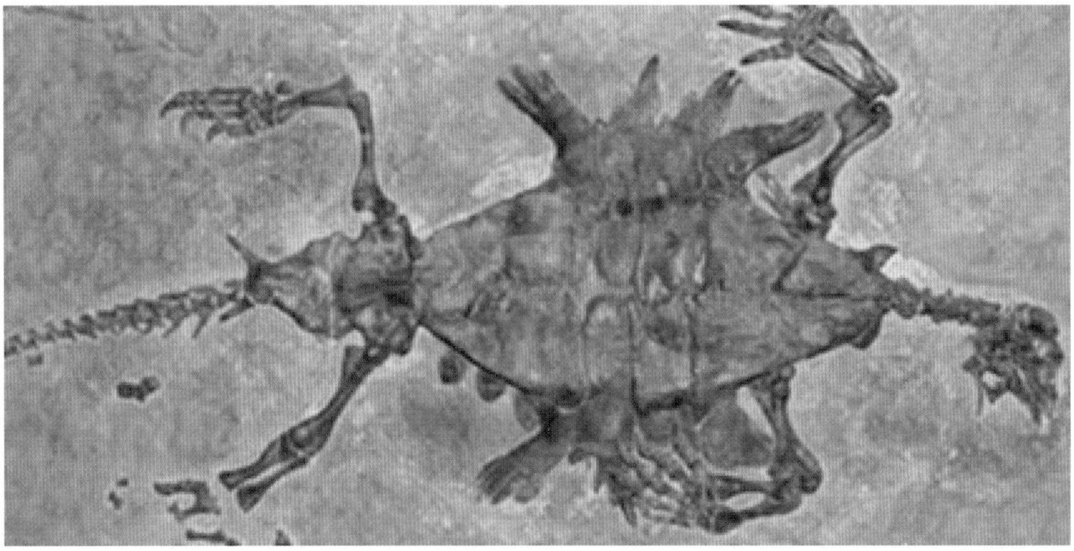

图 5-11 半甲齿龟(*Odontochelys semistestacea*)

知识链接

湖北龟化石发现不多，目前仅发现三种龟鳖类化石，其中在新洲寨岗可能是古新统地层中发现的新洲安徽龟保存较好（图 5-12），研究详细；另外两种发现于当阳景山和宜昌艾家镇（图 5-13），尚未修理鉴定。

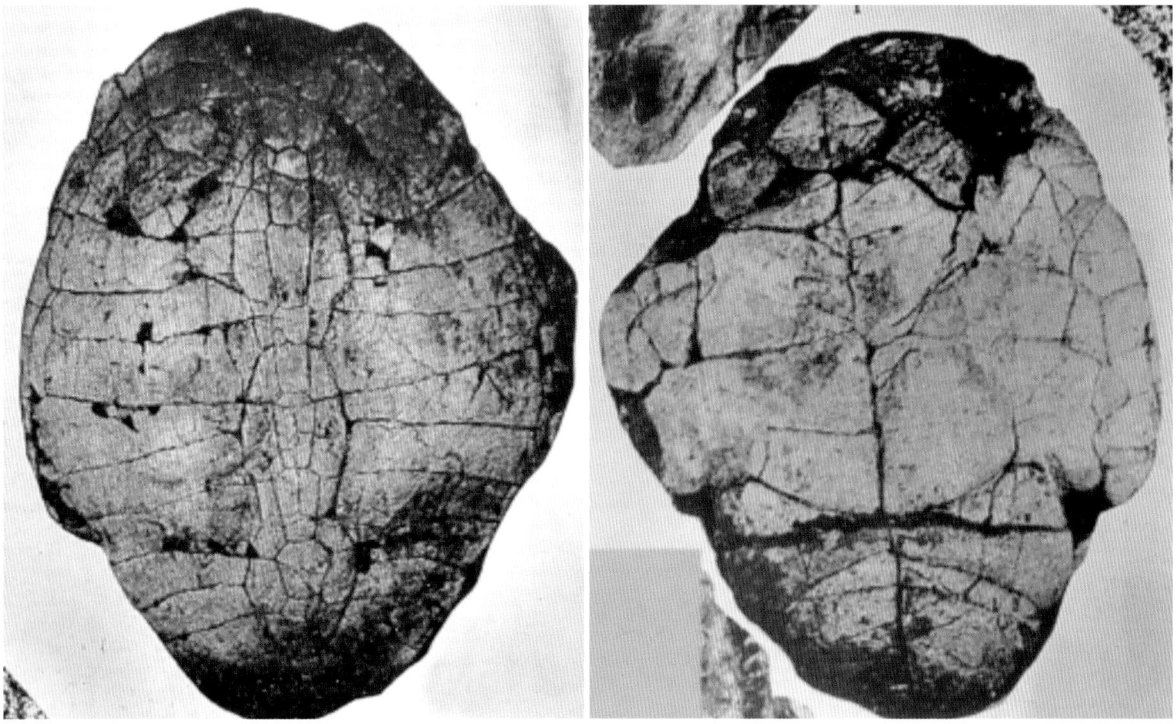

图 5-12　新洲安徽龟（*Anhuichelys xinzhouensis* Chen）

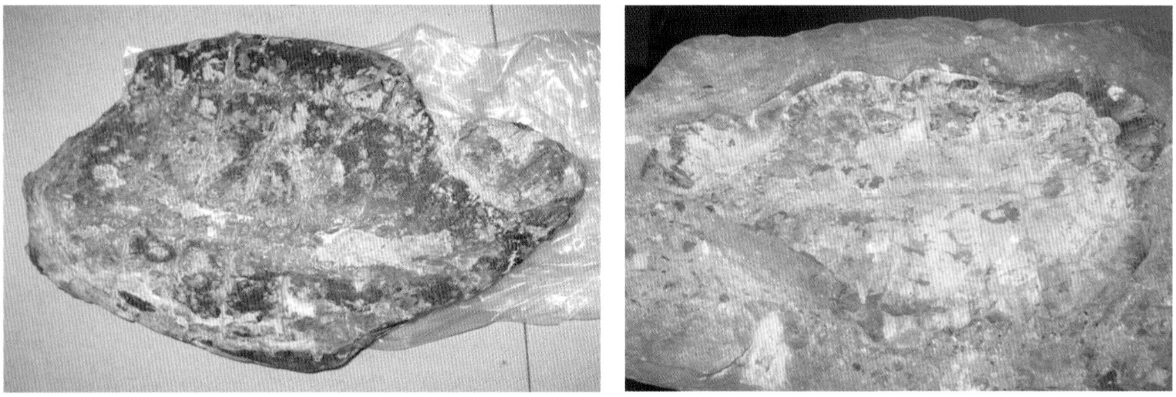

图 5-13　艾家镇七里村晚白垩世罗镜滩组上部发现的龟化石（未定名）

海生爬行动物化石

◎程 龙

知识链接

海生爬行动物是一群为了在海洋中生活，身体形态发生了变化，能够在海洋中繁衍生息的爬行动物的总称，包括鱼龙类、鳍龙类、海龙类（图 5-14）、蛇颈龙类、沧龙类、原龙类和龟鳖类。绝大多数海生爬行动物生活在中生代（距今 2.5 亿—0.6 亿年）的海洋中，尤其是以三叠纪（距今 2.5 亿—2 亿年）最为繁盛（图 5-15、图 5-16）。

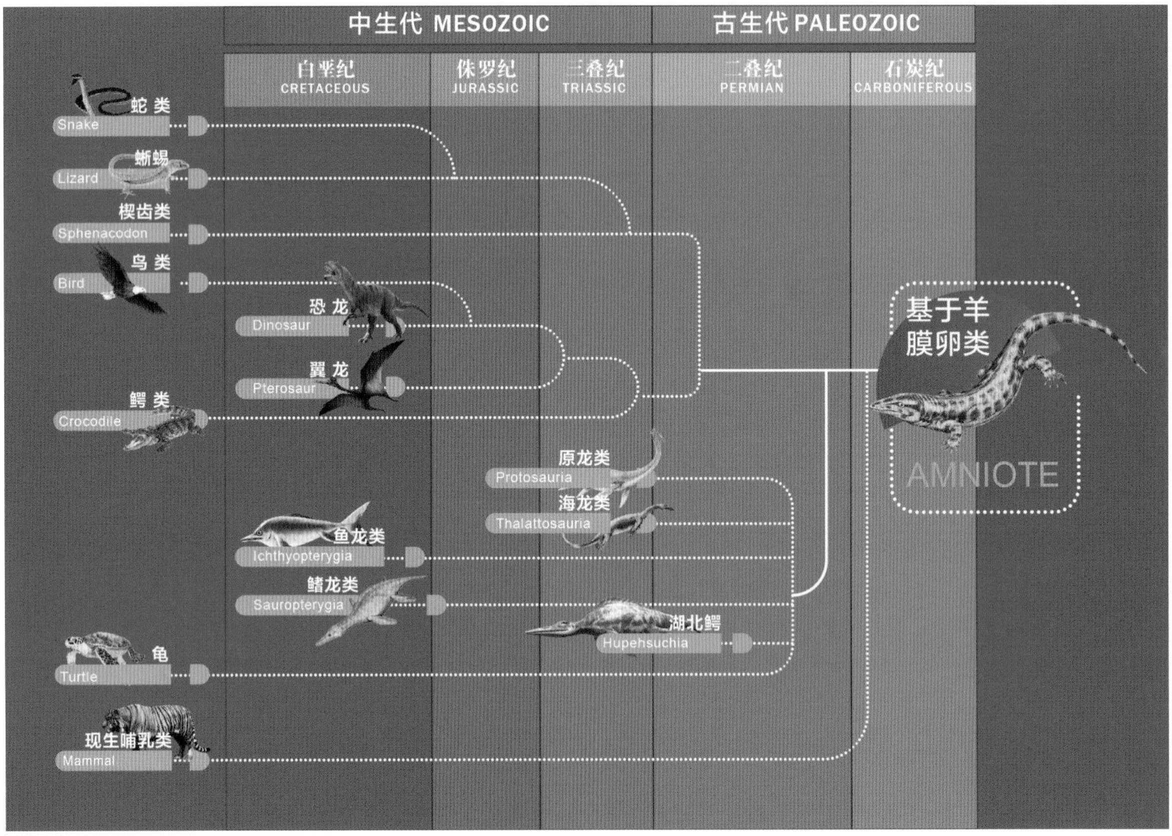

图 5-14　爬行动物分类和演化示意图

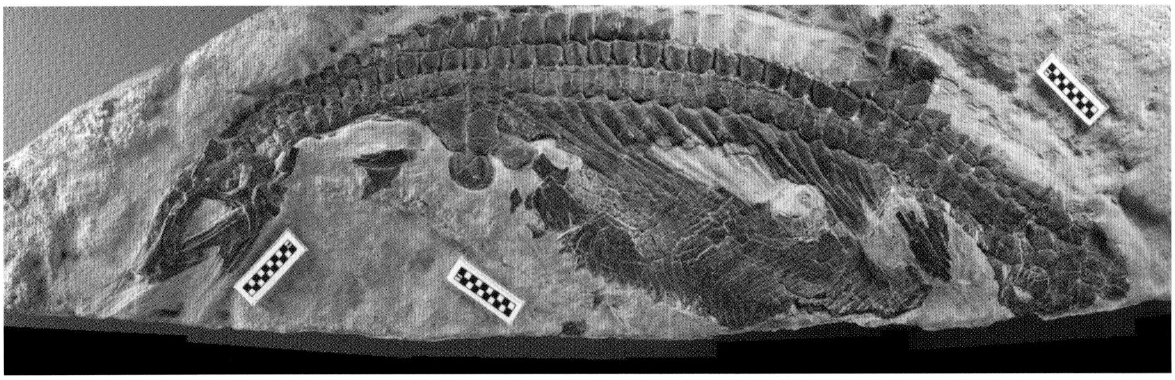

图 5-15　孙氏南漳龙（*Nanchangosaurus suni*）

图 5-16　张家湾巢湖鱼龙(*Chaohusaurus zhangjiawanensis*)

珍稀化石档案

化石发现于湖北远安张家湾,因其特征与安徽巢湖马家山下三叠统南陵湖组地层中发现的巢湖鱼龙相似,经研究鉴定为同一种属(图 5-17)。

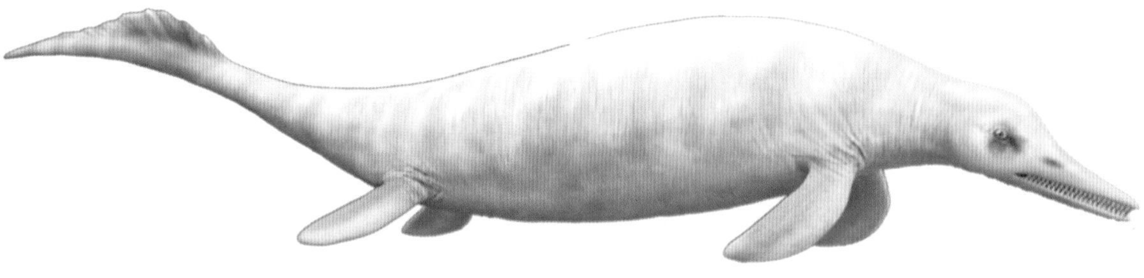

图 5-17　张家湾巢湖鱼龙复原图

珍稀化石档案

化石发现于湖北远安张家湾,南漳湖北鳄生活于距今2.4亿—2.3亿年的早三叠世,分布于湖北南漳、远安一带,该化石收藏于武汉地质调查中心龙化石博物馆(图5-18)。

图5-18　远安张家湾的南漳湖北鳄(***Hupehsuchus nanchangensis***)

图5-19　南漳湖北鳄复原图

图5-20　南漳湖北鳄在原产地的模型和浮雕

珍稀化石档案

2015 年首次在南彰-远安地区发现卡洛董氏扇桨龙头骨，经过武汉地质调查中心专家研究，卡洛董氏扇桨龙采取盲感应(非视觉探测)的方式寻找食物，这是鸭嘴兽式捕食方式在爬行动物中的首次发现，不仅将盲感应捕食方式的出现提前至早三叠世 2.48 亿年前，还为生物与环境协同演化提供了又一生动的例证。这一重大发现在《自然》杂志的子刊《科学报告》上发表，美国生命科学网随后进行了跟踪报道(图 5-21～图 5-24)。湖北省发现的其他类型的海生爬行动物见图 5-25～图 5-27。

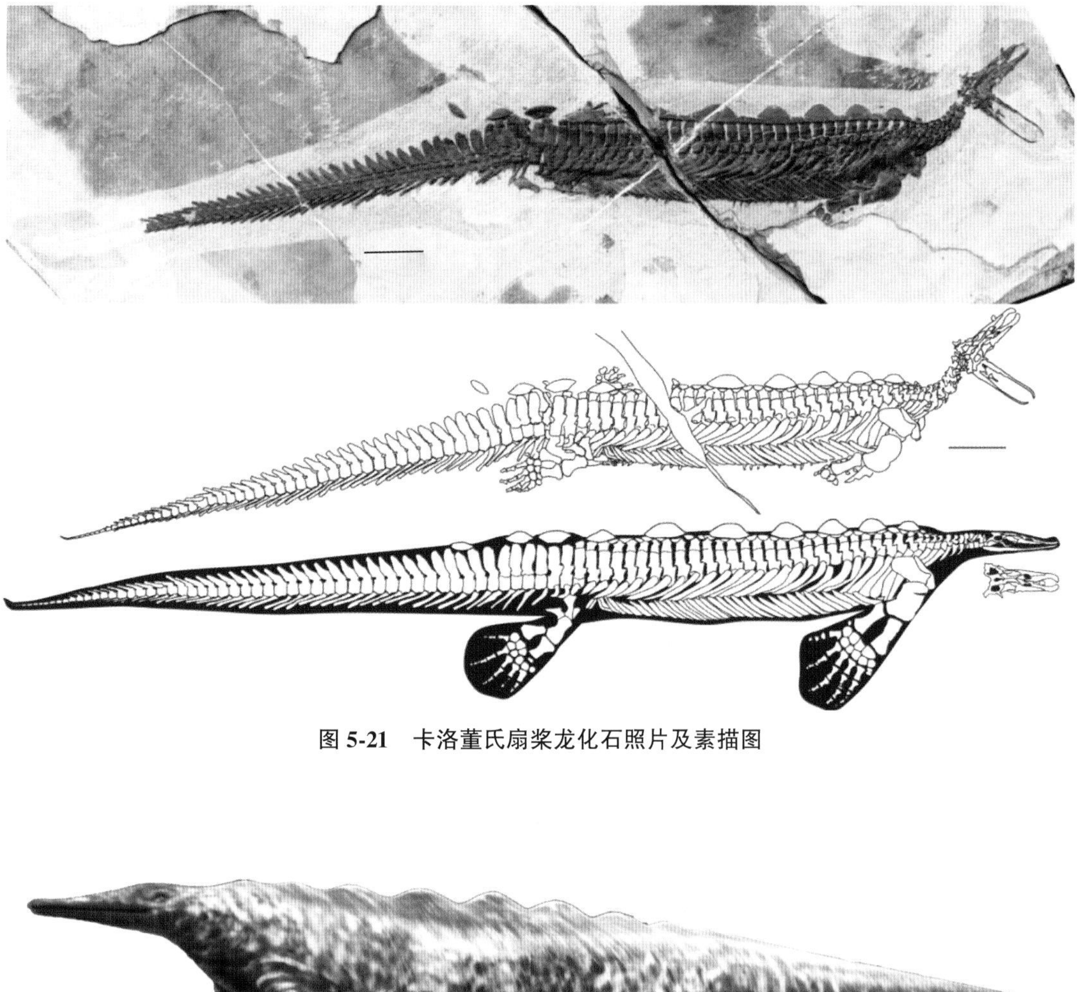

图 5-21　卡洛董氏扇桨龙化石照片及素描图

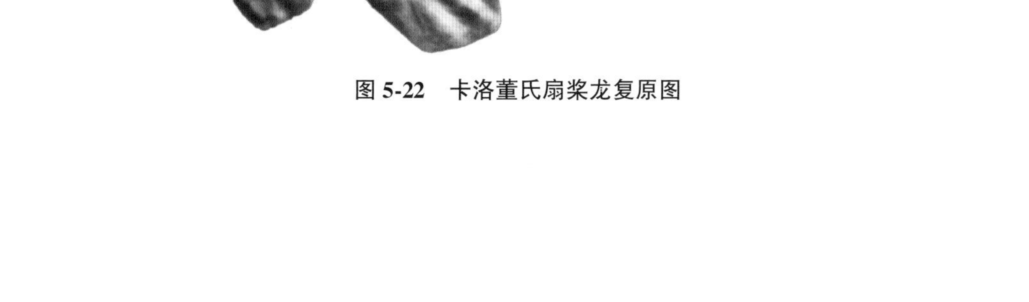

图 5-22　卡洛董氏扇桨龙复原图

图 5-23　卡洛董氏扇桨龙生态复原图

图 5-24　卡洛董氏扇桨龙(“鸭嘴兽龙”)

图 5-25　短颈始湖北鳄复原图

图 5-26　细长似湖北鳄(*Parahupehsuchus longus*)

图 5-27　三峡欧龙复原图

恐龙化石

◎韩凤禄

知识链接

恐龙(Dinosauria)是1842年由英国古生物学家理查德·欧文正式命名,意思是"恐怖的蜥蜴"。科学意义上的恐龙仅包括蜥臀类(Saurischia)和鸟臀类(Ornithischia)在内的陆生爬行动物(图5-28、图5-29),并不包括天上飞的翼龙以及海里游的鱼龙和蛇颈龙。

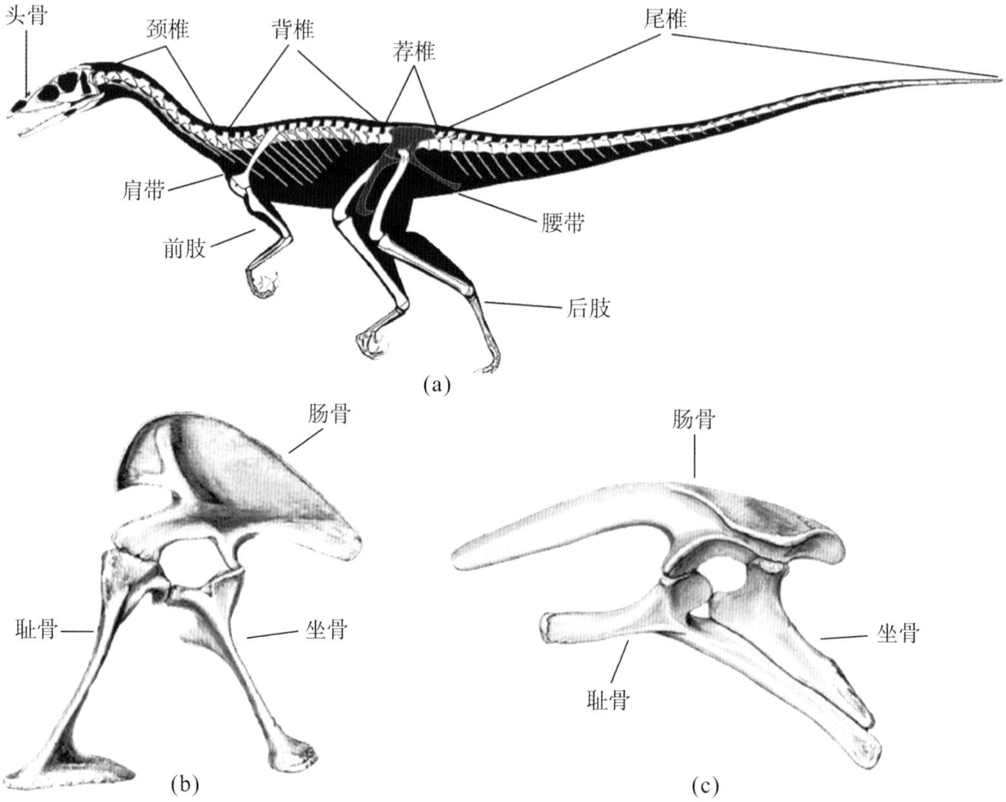

图5-28 恐龙的骨骼结构素描图

a.兽脚类恐龙 *Tawa* 骨骼结构示意图;b.蜥臀类腰带素描图;c.鸟臀类腰带素描图。[(a)修改自 www.nsf.gov;(b)(c)引自 Marsh,1896]

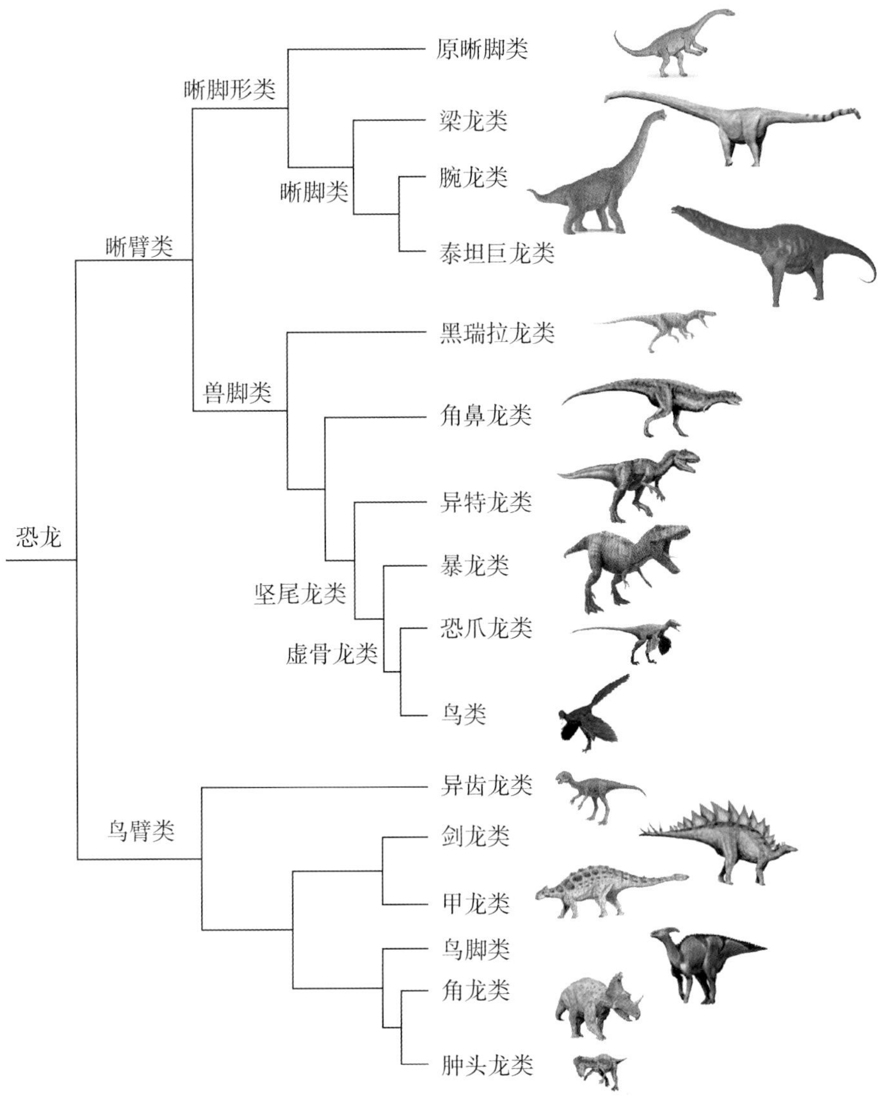

图 5-29　恐龙系统演化树简图(修改自 ntamura. deviantart. com)

知识链接

蜥臀类恐龙包括蜥脚形类(Sauropodomorpha)和兽脚类(Theropoda)。蜥脚形类又包括原蜥脚类和蜥脚类;兽脚类大多数都是一些食肉类的恐龙,如最著名的霸王龙(*Tyrannosaurus rex*)。鸟臀类恐龙都为植食性的恐龙,但是形态差异很大,包括了异齿龙类(Heterodontosauridae)、鸟脚类(Ornithopoda)、角龙类(Ceratopsia)、肿头龙类(Pachycephalosauria)、甲龙类(Ankylosauria)和剑龙类(Stegosauria)六大类群(图 5-29)。

图 5-30　蜥脚类恐龙“郧县龙”

珍稀化石档案

蜥脚类恐龙化石最早是在 2005 年自河南省南阳市附近出土(图 5-30)。蜥脚类恐龙具有小型头部、长颈部、长尾巴以及粗壮的四肢。它们是目前已知陆地上出现过的最巨大动物,包括许多知名的属,如迷惑龙(原名为雷龙)、腕龙、梁龙等。蜥脚类恐龙首次出现于晚三叠纪,它们当时的外表类似原蜥脚下目恐龙。到了侏罗纪晚期(1.5 亿年前),蜥脚类恐龙的分布广泛,尤其是梁龙科与腕龙科。只有泰坦巨龙类存活到白垩纪晚期,它们几乎分布于全球。

图 5-31　鸭嘴龙类“巴克龙”

珍稀化石档案

1997 年在郧县(今郧阳区)梅铺镇李家沟发现的晚白垩纪时期鸟脚类恐龙骨骼化石——“巴克龙”,世界罕见,距今大约有 7 500 万年。巴克龙是一种较原始的鸭嘴龙,其成年个体可达 5 米(图 5-31)。

恐龙蛋化石

◎李正琪　张蜀康

知识链接

恐龙蛋是一种生活在距今2.4亿—0.655亿年的名叫“恐龙”的爬行动物下的蛋，它具有坚硬的外壳，由蛋壳、蛋白和蛋黄组成，恐龙蛋是恐龙生命的胚胎形式(图5-32)。根据恐龙蛋化石的宏观和微观形态特征的对比(图5-33～图5-35)，可以将恐龙蛋按种、属、科等分类层次划定分类。

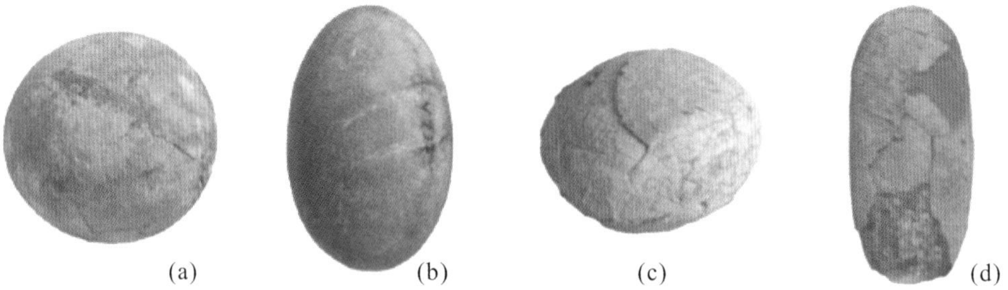

图5-32　蛋化石宏观形态示意图(赵资奎等，2015)

a.圆形蛋；b.椭圆形蛋；c.扁圆形蛋；d.长形蛋。

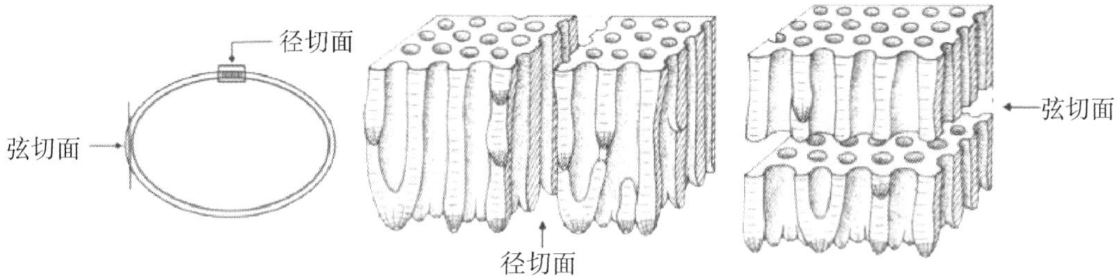

图5-33　蛋壳镜检标本制作方法示意图(据赵资奎等，2015)

图5-34　长形蛋蛋窝，一般为肉食类恐龙下的蛋窝

图5-35　扁圆形蛋蛋窝，一般为素食类恐龙下的蛋

图 5-36　十堰市郧阳区青龙山的两窝恐龙蛋化石

图 5-37　土庙岭扁圆蛋(新组合)(蓝)和郧县扁圆蛋(新蛋种)(黑)

珍稀化石档案

湖北省已发现的恐龙蛋化石产地至少有 10 处以上,主要分布在湖北西部(图 5-36),中东部仅在安陆有所发现。其中以十堰市郧阳区(原郧县)发现多。此外,2006 年在郧西县高速公路施工时,发现一处呈窝状分布的扁圆蛋化石产地,分布面积达 0.5 平方千米以上,已出土的恐龙蛋化石有 100 多枚,蛋化石类型为树枝蛋科的扁圆蛋属(图 5-37)。在安陆市王店发现了呈窝分布且保存完整的王店树枝蛋化石。

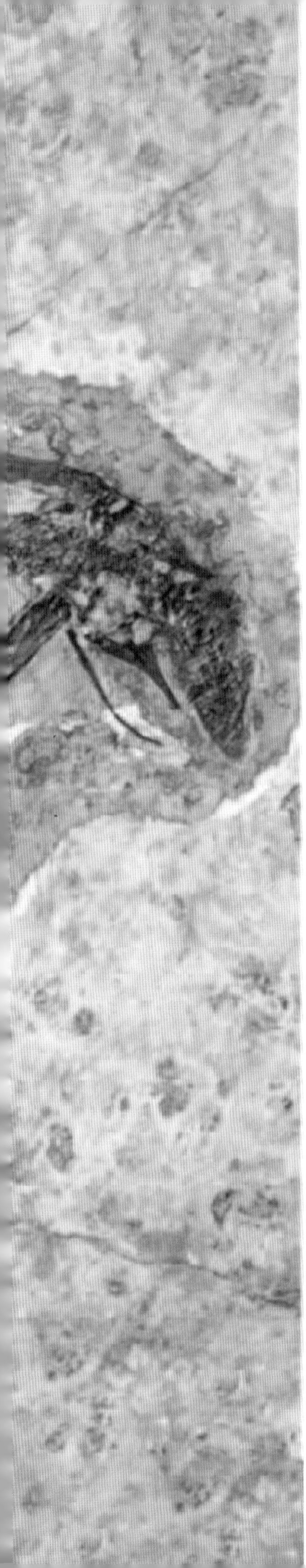

鸟类化石

◎汪啸风

知识链接

鸟类(纲)是陆生脊椎动物中出现晚且数量多的一类脊椎动物。由于鸟类的骨骼脆弱,又是在天空飞的,形成化石的机会很少,所以关于鸟类起源问题曾经历了一场旷日持久、长达140年的争论。直到20世纪70年代开始,随着人们在世界各地陆续发现了大量化石证据,才对鸟的起源问题的认识有了新突破,并都倾向支持鸟类起源于手盗龙类恐龙的假说,并使得这一假说成为有关鸟类起源的主流(图5-38、图5-39)。直到1996年,随着原始中华龙鸟(*Sinosauropterys prima*)、原始祖鸟(*Protarchaeopterys robusta*)、周氏尾羽鸟(*Caudipterys zoui*)等长羽毛恐龙在我国辽西的发现和报道(纪强,1997),极大支持了鸟类起源于小型兽脚类恐龙的理论。

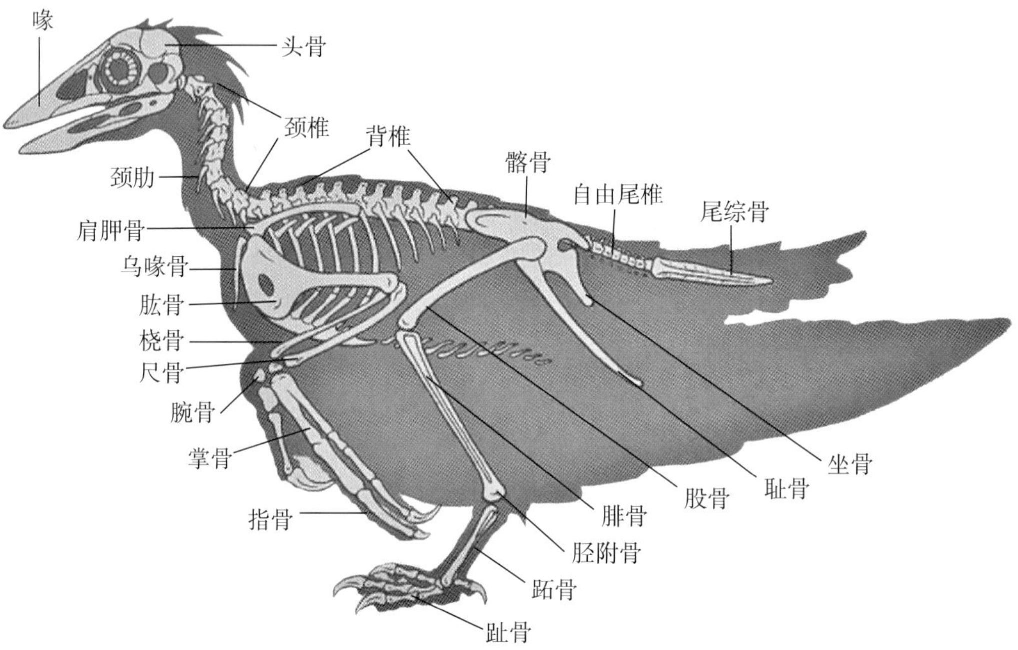

图5-38 鸟类结构构造

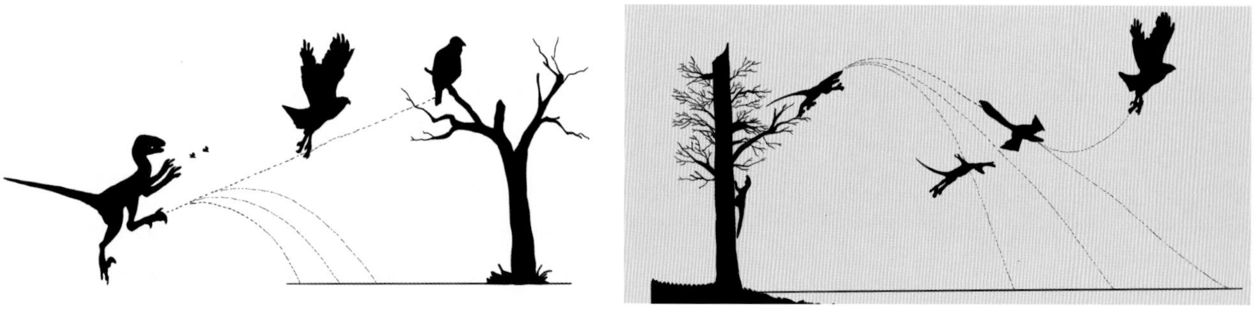

图5-39 关于鸟类飞翔起源的两种假说,左图为地栖起源,右图为树栖起源(引自纪强,2016)

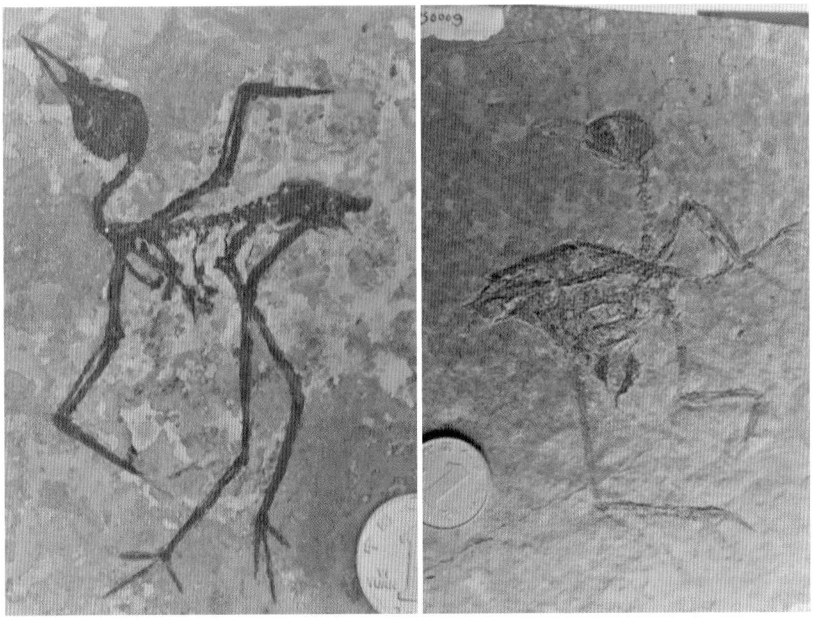

图 5-40　黑挡口松滋鸟(左)与尖爪松滋鸟(右)比较

珍稀化石档案

湖北省的鸟类化石发现不多，目前仅找到了两种我国南方保存完美可归属于鹤形目的鸟类化石骨架——即黑挡口松滋鸟(*Songzia heidongkouensis* Wang et al. , 2012)(侯连海,1990)和尖爪松滋鸟(*Songzia acutunguis*)(图 5-40、图 5-41)。化石均产在距今 5 600 万年左右的松滋黑挡口早始新世湖相沉积之中。

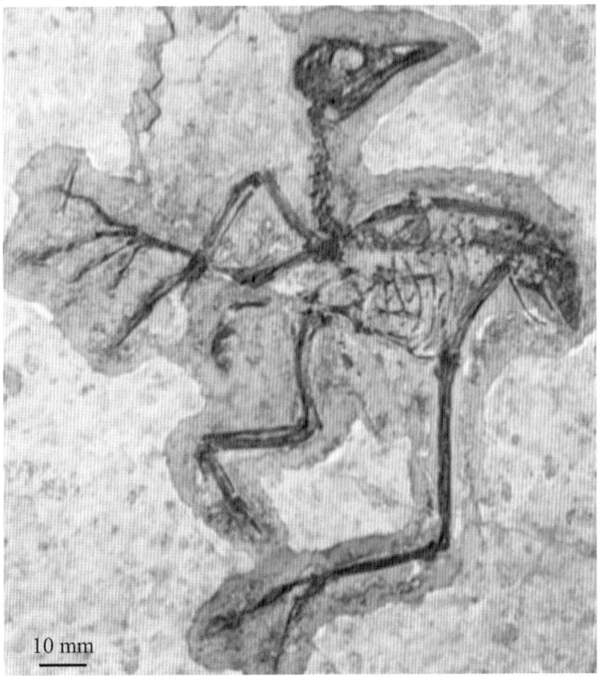

图 5-41　尖爪松滋鸟

哺乳类化石

◎王保忠　汪啸风

知识链接

哺乳动物是从似哺乳爬行动物演化而来的。它们和恐龙同时起源于三叠纪晚期，爬行动物捷足先登很快取得了对生态环境适应的优势地位，从而占领了从海洋到陆地的广大生态领域；哺乳动物虽然比爬行动物具有先进的恒温优势，但由于中生代期间的温暖潮湿气候而没有得到应有发挥，因而数量和种类都很少，个体也很小。绝大多数恐龙在中生代末期绝灭后，地球进入新生代。少量动物的劫后余生，包括一直受到恐龙压抑的哺乳动物。也许正是它们的恒温优势，使它们能够抵抗住白垩纪末期的严寒，而迅速发展起来。所以新生代又称为哺乳动物的时代(图 5-42)。

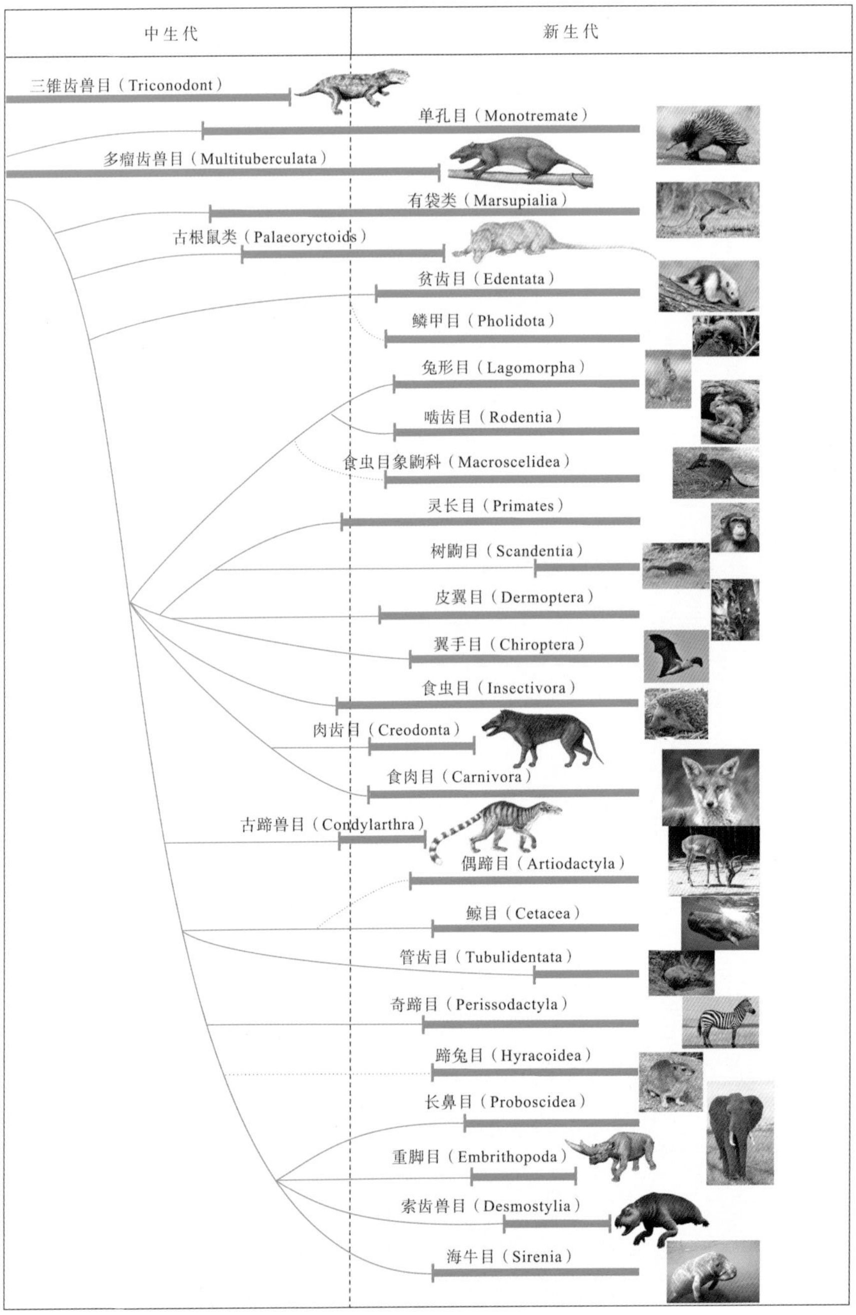

图 5-42　哺乳动物分类示意

知识链接

2013 年倪喜军等在湖北松滋早始新世洋溪组中发现并经多年研究后认为是世界上已知古老(距今 5 500 万年)的灵长类——阿喀琉斯基猴(*Archicebus achilles*)(图 5-43)。阿喀琉斯基猴在灵长类的系统演化树上与我们人类同属于一个大的支系,较过去在德国梅瑟尔化石库发现的达尔文猴和美国怀俄明发现的假熊猴整整早了 700 万年(另外一个分支,是现生狐猴的远亲)。为确定类人猿与其他灵长类的分异时间和早期演化模式提供了非常关键的证据(图 5-44、图 5-45)。

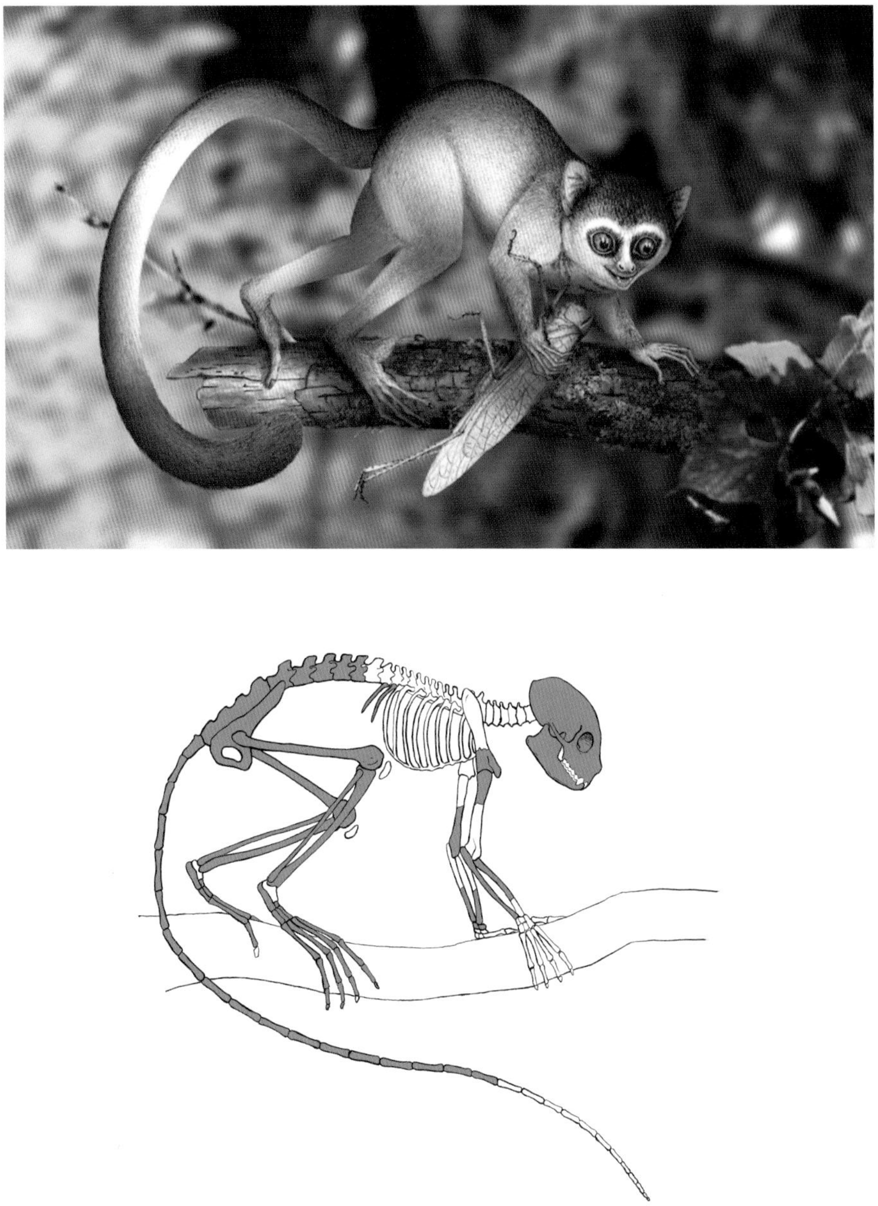

图 5-43　阿喀琉斯基猴再造图

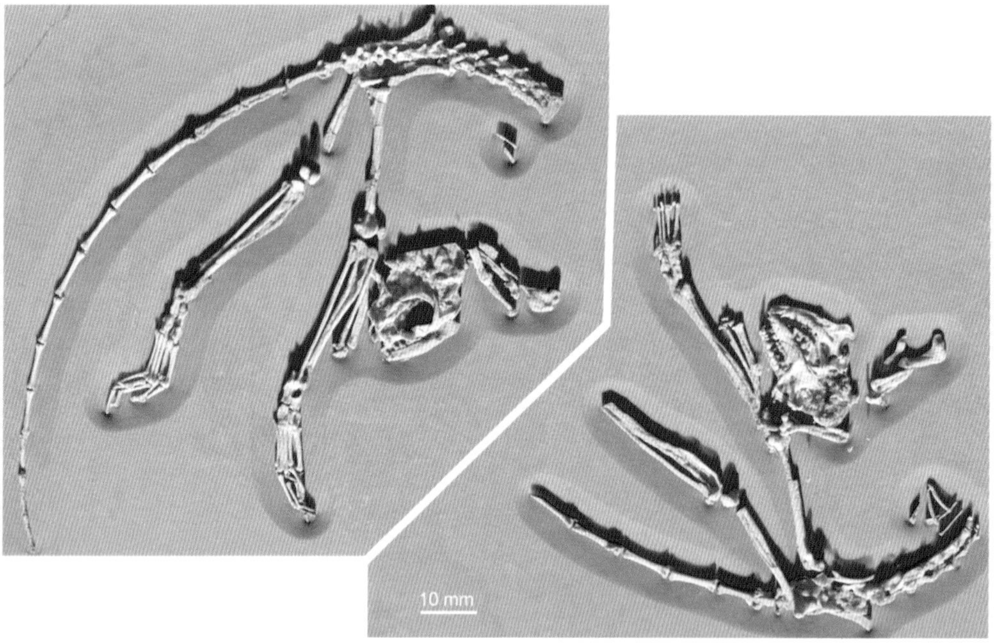

图 5-44　阿喀琉斯基猴化石

图 5-45　化石产层

知识链接

湖北省哺乳动物化石相当丰富，主要分布在中-新生代内陆盆地以及长江–汉水沿岸第四纪洞穴之中，尤以建始高坪龙骨洞最为著名，此外长阳下钟家湾、宜都、松滋、五峰以及鄂西北的房县、郧县（今郧阳区）等地均有发现（图 5-46、图 5-47）。主要化石类型包括，食肉类的犬、熊、猫等；钝角类的冠齿兽类、伪恐角兽等；长鼻类的嵌齿象、四棱齿象、剑齿象等；奇蹄类的马、貘、犀等；偶蹄类的猪、鹿、牛、羊等（雷奕振，1977；湖北区域地质测队，1984）。

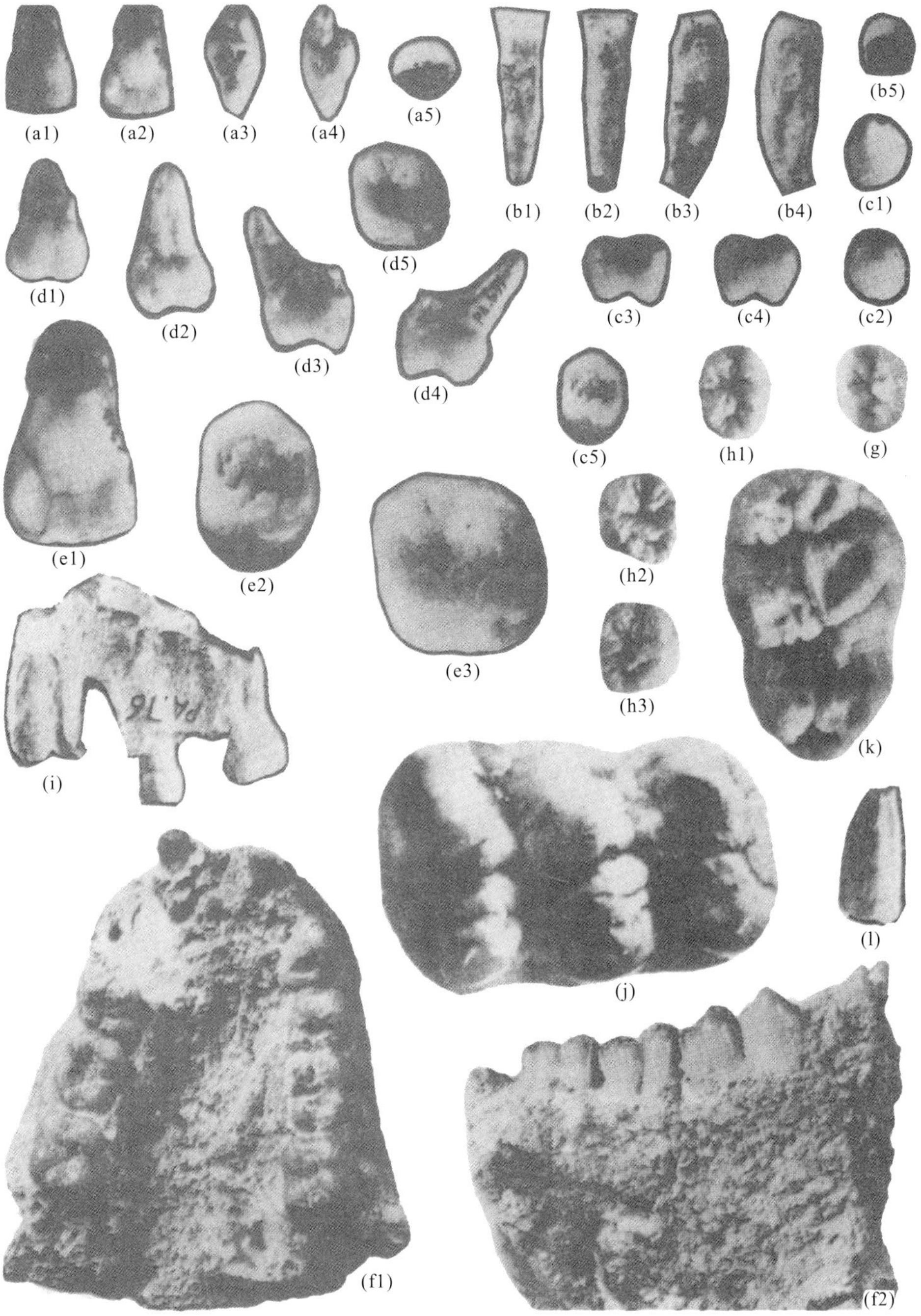

图 5-46　郧县(今郧阳区)、建始、长阳更新世哺乳动物牙齿及下颌化石(引自湖北省区域地质测量队,1984)
a~e. 郧县更新世的郧县猿人牙齿;f. 建始龙骨洞早更新世发现的步氏巨猿下颌骨;g~i,l. 长阳人下颌和牙齿;j,k. 似锯嵌齿象。

知识链接

哺乳动物是脊椎动物亚门下的一个纲,其学名是哺乳纲(Mammalia,来自拉丁文“mamma”,意思是乳房),因此哺乳动物(包括化石和现生种类)最显著的特征是具有能分泌乳汁的乳腺(乳房),以及复杂的哺乳过程。在辨别雄性和雌性哺乳动物上,可以根据汗腺、毛发、中耳听小骨以及脑部新皮质上的不同进行区别。

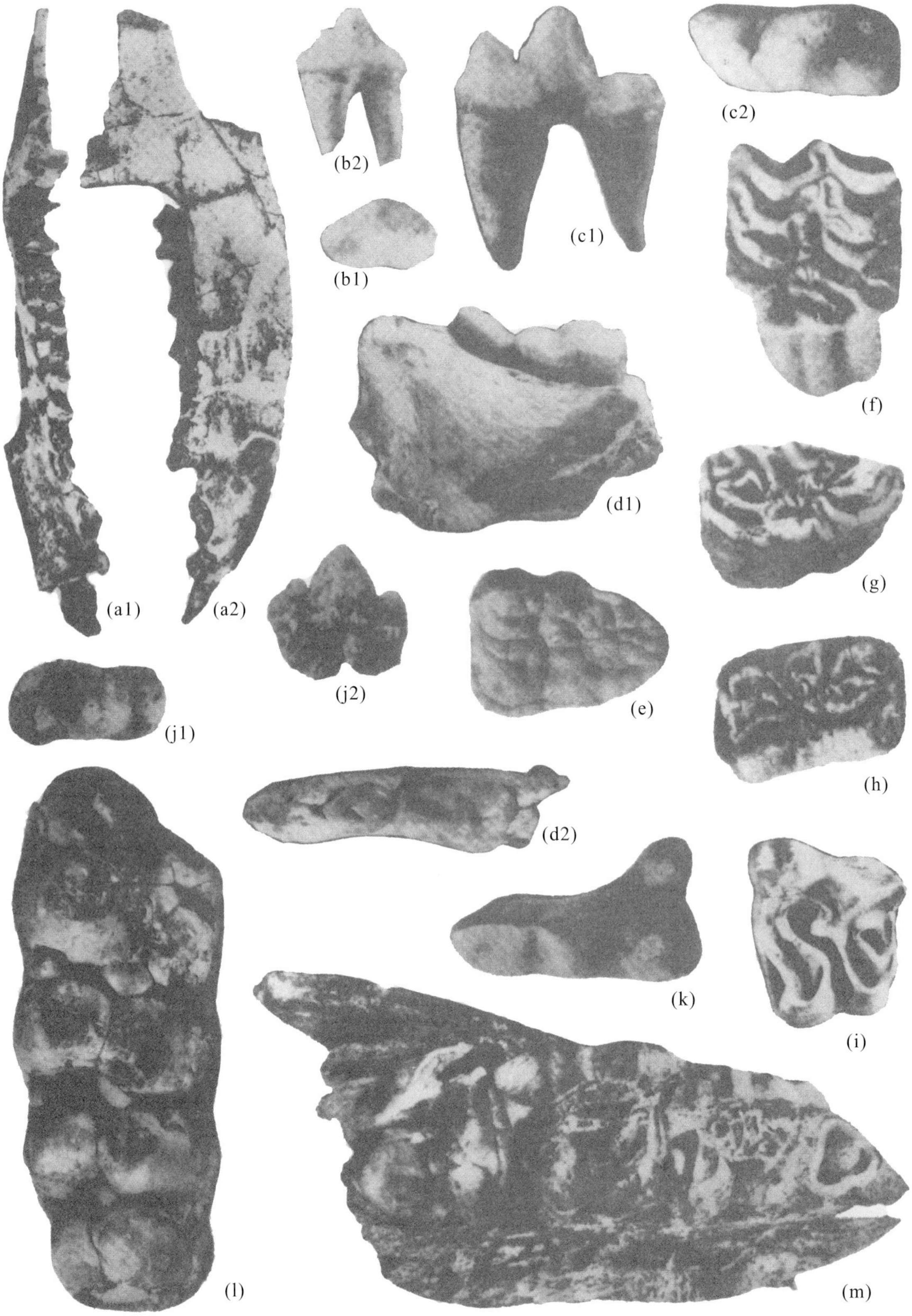

图 5-47　建始、宜昌、钟祥始新世—更新世哺乳动物牙齿化石（引自湖北省区域地质测量队，1984）

a. 杨氏方齿冠齿兽，宜昌梅子溪，早—中始新世；b～d. 杨氏半犬，钟祥石牌早上新世；f～h. 云南马；i，m. 中华犀，清江洞穴更新世；j. 虎的牙齿，清江中更新世洞穴；k. 斑鬣狗牙齿，长阳下钟家湾中晚更新世；l. 五峰嵌齿象，建始龙骨洞早更新世。

知识链接

近年,在鄂西地区持续有哺乳动物化石新发现:在建始高坪龙骨洞发现早更新世巨猿和南方古猿牙齿化石(图 5-48)后,通过再次发掘,发现了 3 颗人类牙齿化石和石制品,对牙齿化石的研究表明其属于早期人属,据古地磁测年,距今约 214 万年,属于早更新世早期;另外,在五峰中更新世发现了保存完整的五峰嵌齿象牙齿化石(图 5-49),这些化石的发现,对研究我国东部第四纪气候与环境变化具有重要意义。

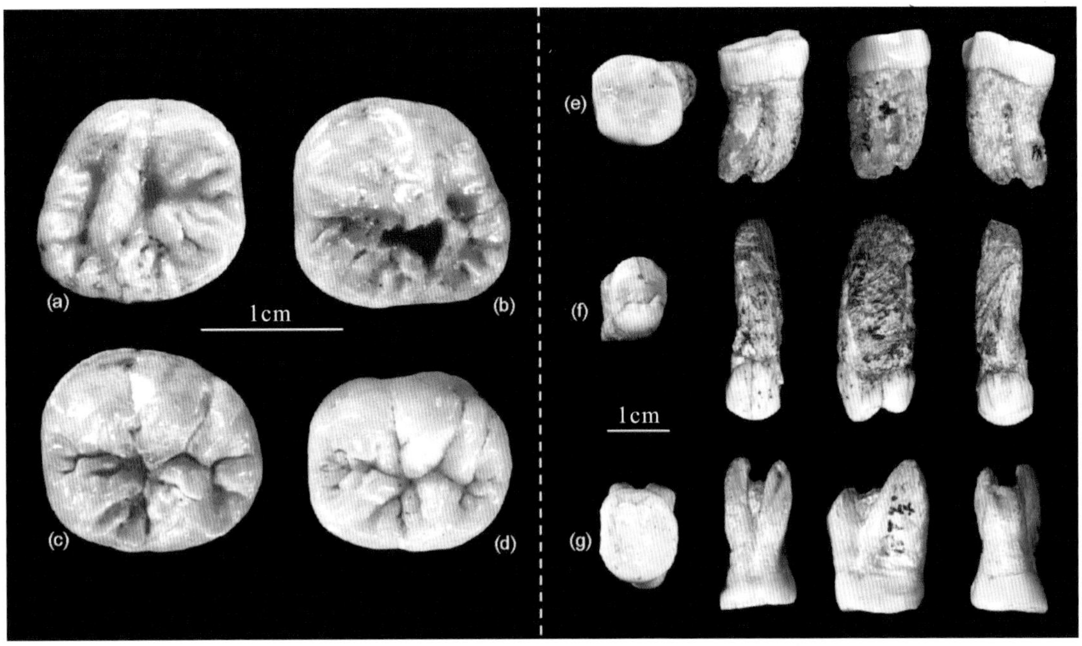

图 5-48 建始高坪龙骨洞发现早更新世巨猿和南方古猿的牙齿化石

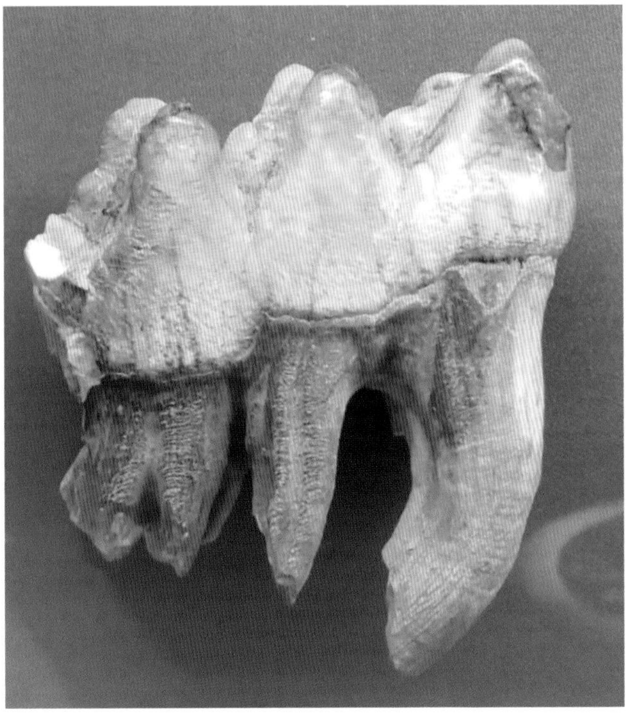

图 5-49 五峰嵌齿象化石(*Gomophotherium wufengensis*) (Li et al. ,2017)

化石产自湖北五峰中更新世

知识链接

古植物化石的分类与现代植物分类基本相同，分低等植物和高等植物两大类。低等植物有菌类和地球早期宏体藻类、轮藻、叠层石等，不具备多细胞构成的各种器官；高等植物主要有苔藓植物、蕨类植物（石松类、有节类、真蕨类）、裸子植物（种子蕨类、苏铁类、银杏类、松柏类）和被子植物等，具有根、茎、叶的分化。

六、古植物化石

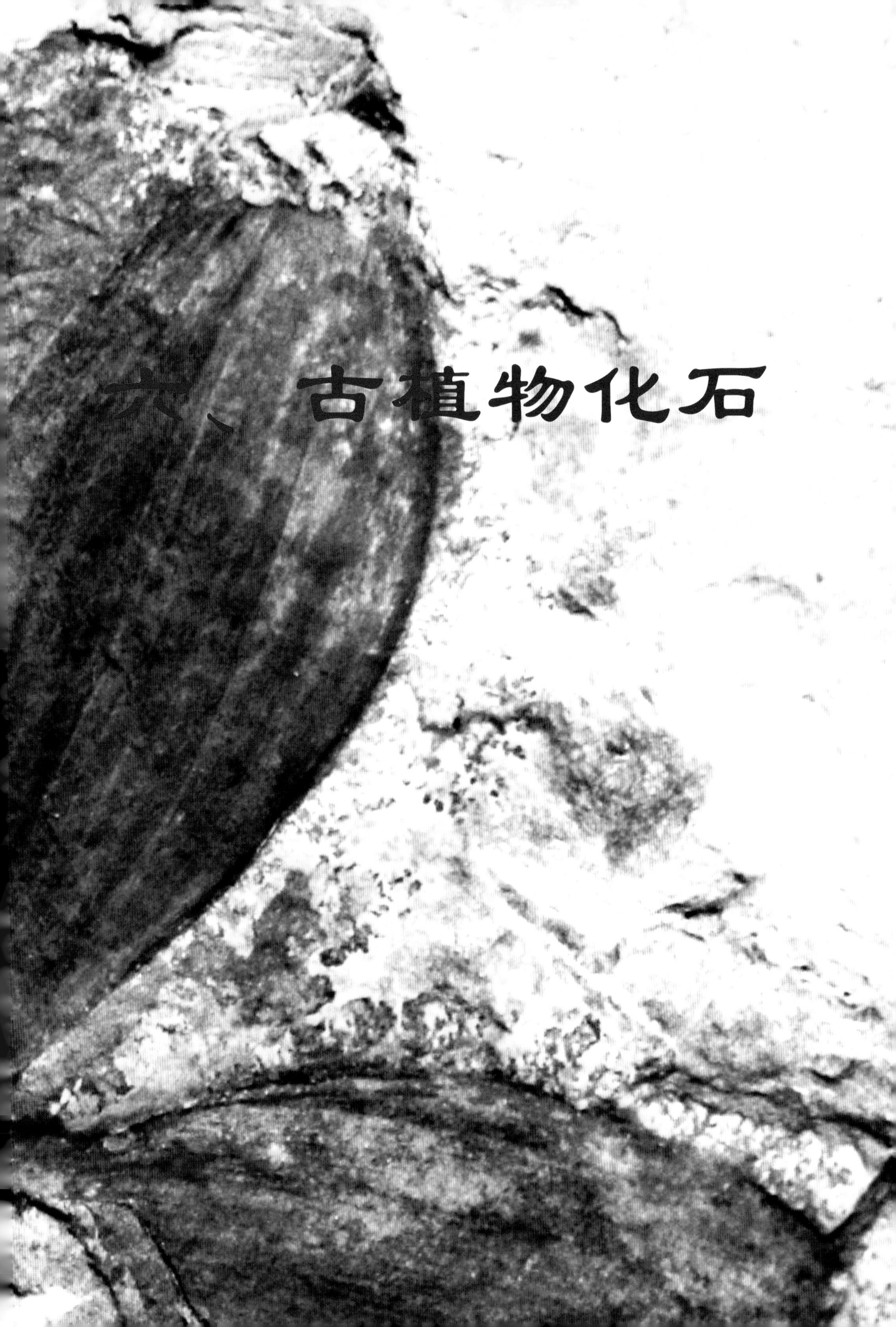

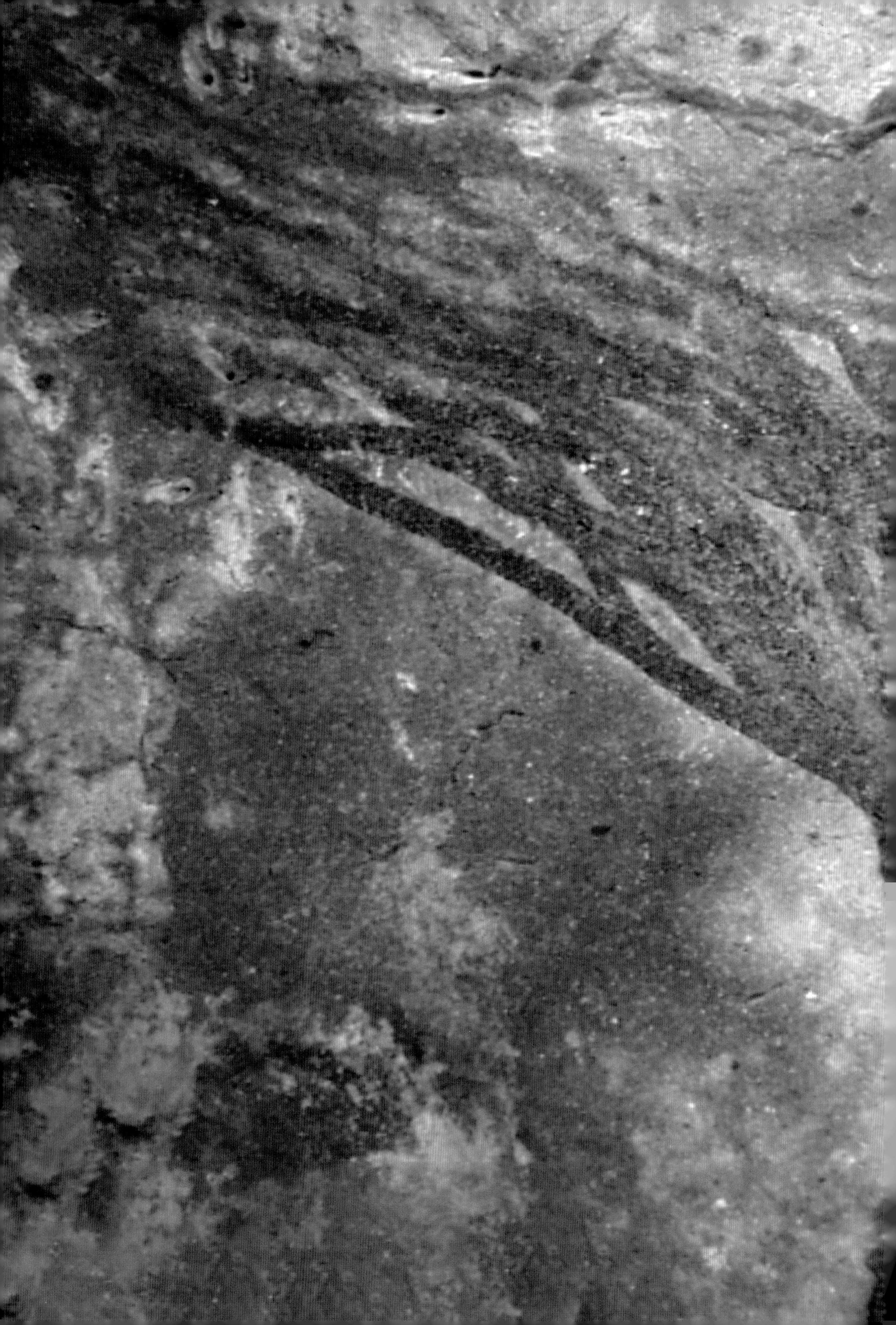

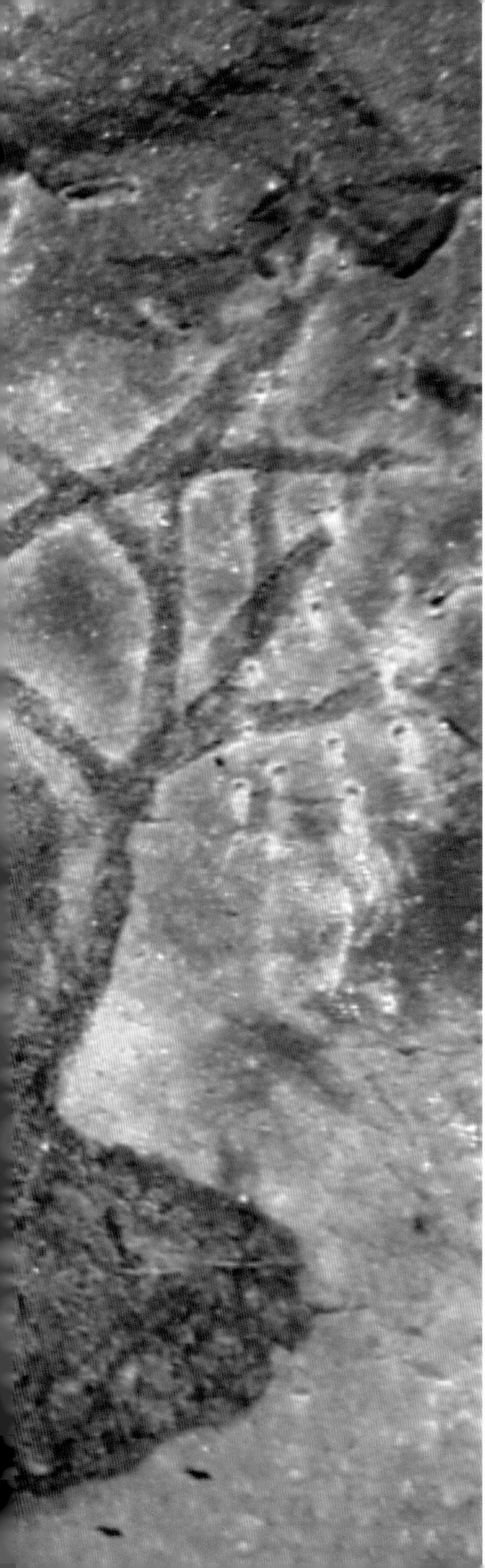

前寒武纪宏体藻类化石

◎喻建新　叶琴
雷勇　安志辉

知识链接

宏体藻类(macroalgae)是指那些肉眼可见的,能进行光合作用的真核藻类,它们应为底栖多细胞或者多核细胞生物,属化石藻类(fossil algae)。对于微体和宏体的界线没有一个明确的划分标准,一般大于0.2mm的炭质藻类或叶状体植物可以划为宏体藻类范畴。湖北前寒武纪宏体藻类主要见于鄂西神农架、宜昌和秭归周缘地区,其中在神农架东区产出的成冰纪宋洛生物群,是该时期最早的宏体藻类群,它对于认识极端气候条件下生物面貌、环境特征以及两者的关系具有重要意义(图6-1~图6-4)。

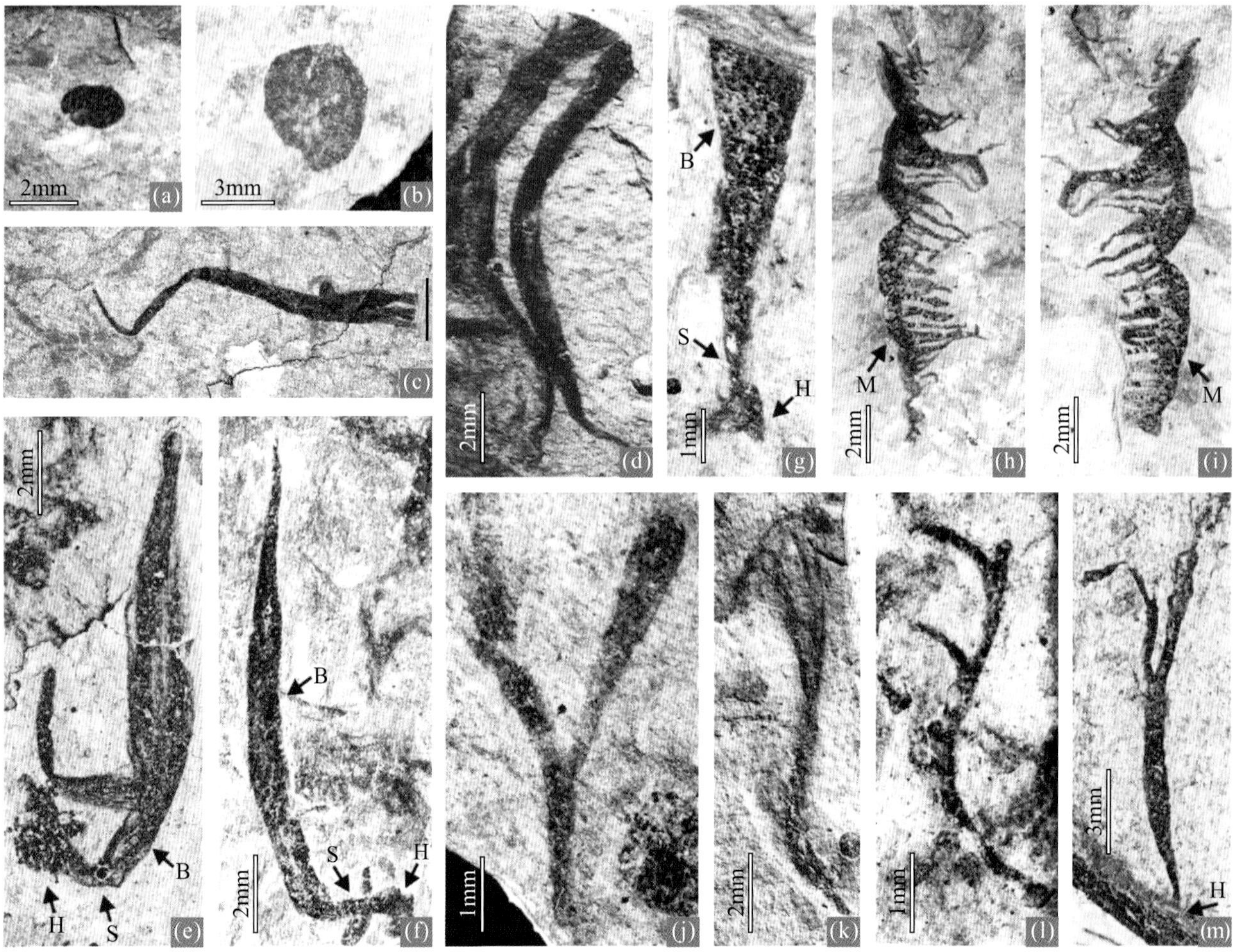

图6-1 神农架宋洛生物群宏体藻类化石代表

a,b. 丘尔藻(*Chuaria*);c,d. 文德带藻(*Vendotaenia*);e,f. 具有可能的固着器、叶柄、叶片分化特征的带状化石;g. 棒形藻(*Baculiphyca*),具有须根状固着器、圆柱状叶柄和棒状叶片的分化特征;h,i. 似平行藻(cf. *Parallelphyton*);j. 直立崆岭藻(*Konglingiphyton erecta*);k. 中华拟浒苔(*Enteromorphites siniansis*);l. 似翁会枝(cf. *Wenghuiphyton*)的一类单轴分枝状化石;m. 拟浒苔(*Enteromorphites*),固着器被氧化呈红褐色;H. 固着器;S. 叶柄;B. 叶片;M. 主轴

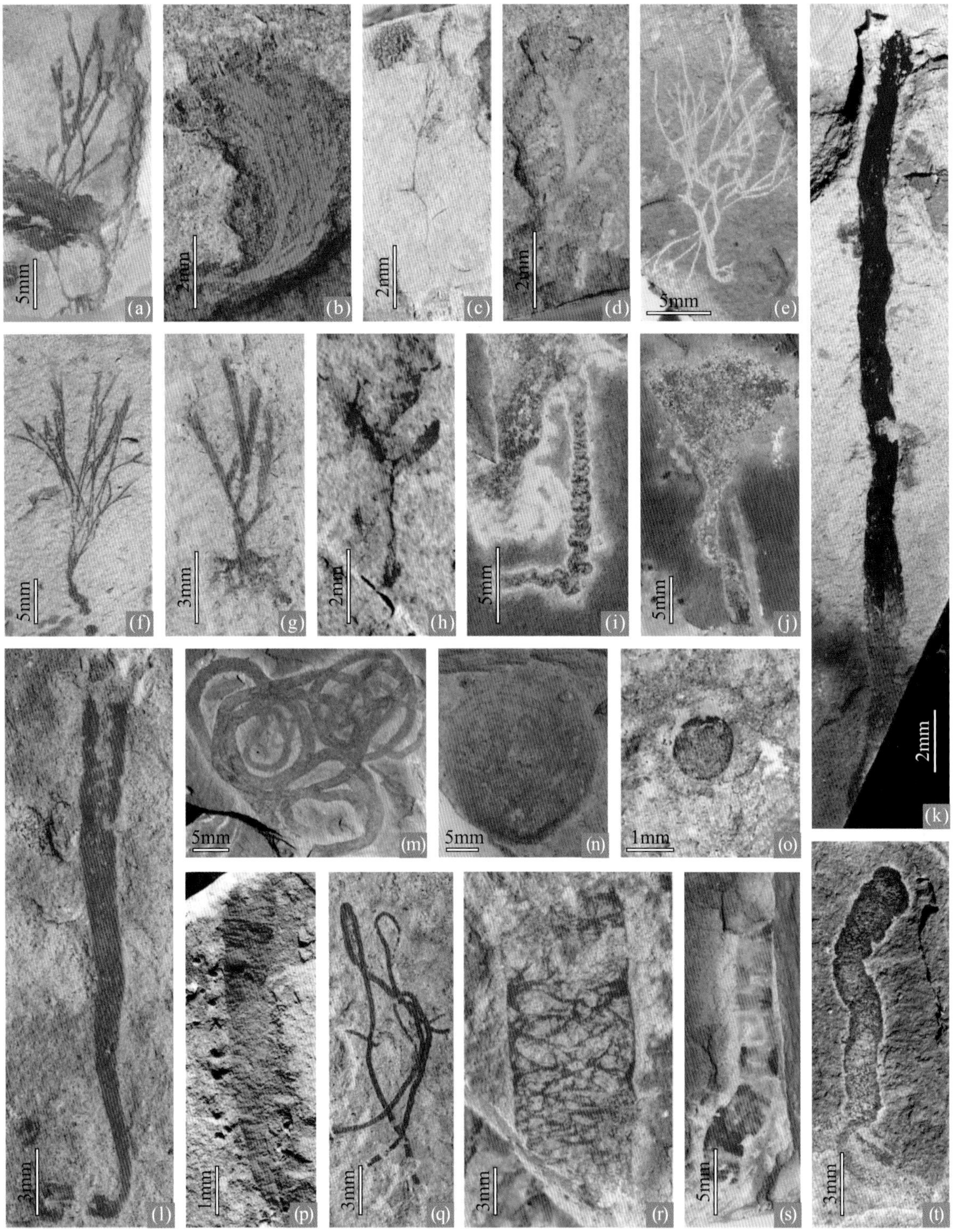

图 6-2　黄陵地区麻溪埃迪卡拉纪庙河生物群宏体藻类组合(p 和 t 除外)

a. 线状陡山沱藻(*Doushantuophyton lineare*);b. 帚状陡山沱藻(*D. cometa*);c. 屈原陡山沱藻(*D. quyuani*);d. 宽枝? 陡山沱藻(*D.* ? *Laticladus*);e. 中华拟浒苔(*Enteromorphites siniansis*);f. 标准麻溪藻(*Maxiphyton stipitatum*);g. 直立崆岭藻(*Konglingiphyton erect*);h. 不对称? 崆岭藻(*K.* ? *laterale*);i. 侯氏宏螺旋藻(*Megaspirellus houi*);j. 列散长索藻(*Longifuniculum dissolutum*);k. 缠绕柳林碛带藻(*Liulingjitaenia alloplecta*);l. 带状棒形藻(*Baculiphyca taeniata*);m. 螺旋卷曲藻(*Grypania spiralis*);n. 布兰色博尔特圆盘(*Beltanelliformis brunsae*);o. 圆形丘尔藻(*Chuaria circularis*);p. 小型原锥虫(*Protoconites minor*);q. 云南中华细丝藻(*Sinocylindra yunnanensis*);r. 陈均远震旦海绵(*Sinospongia chenjunyuani*);s. 典型震旦海绵(*S. typica*);t. 简单九曲脑虫(*Jiuqunaoella simplicis*)

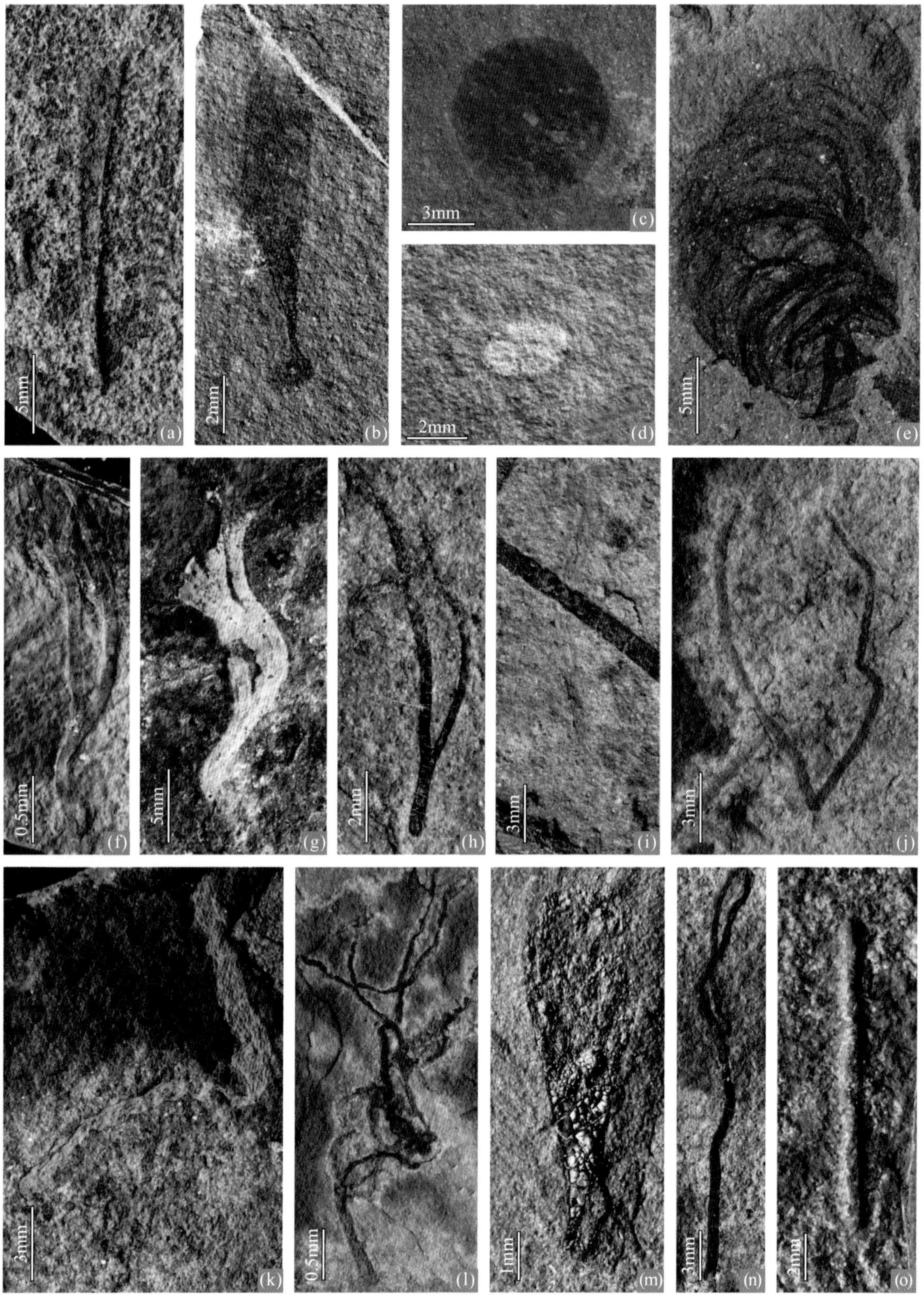

图 6-3 神农架地区三里荒埃迪卡拉纪庙河生物群宏体藻类组合(M 除外)

a. 带状棒形藻(*Baculiphyca taeniata*);b. 短小棒状藻(*B. brevistipitata*);c. 布兰色博尔特圆盘(*Beltanelliformis brunsae*);d. 圆形丘尔藻(*Chuaria circularis*);e. 似僧帽管(*Cucullus fraudulentus*);f, g. 宽枝拟浒苔(*Enteromorphites magnus*);h. 中华拟浒苔(*E. siniansis*);i. 线状陡山沱藻(*Doushantuophyton lineare*);j. 文德带藻(*Vendotaenia* sp.);k. 丝状管球藻(*Glomulus filamentum*);l. 列散长索藻(*Longifuniculum dissolutum*);m. 小型原锥虫(*Protoconites minor*);n. 云南中华细丝藻(*Sinocylindra yunnanensis*);o. 笔直中华细丝藻(*Sinocylindra linearis*)

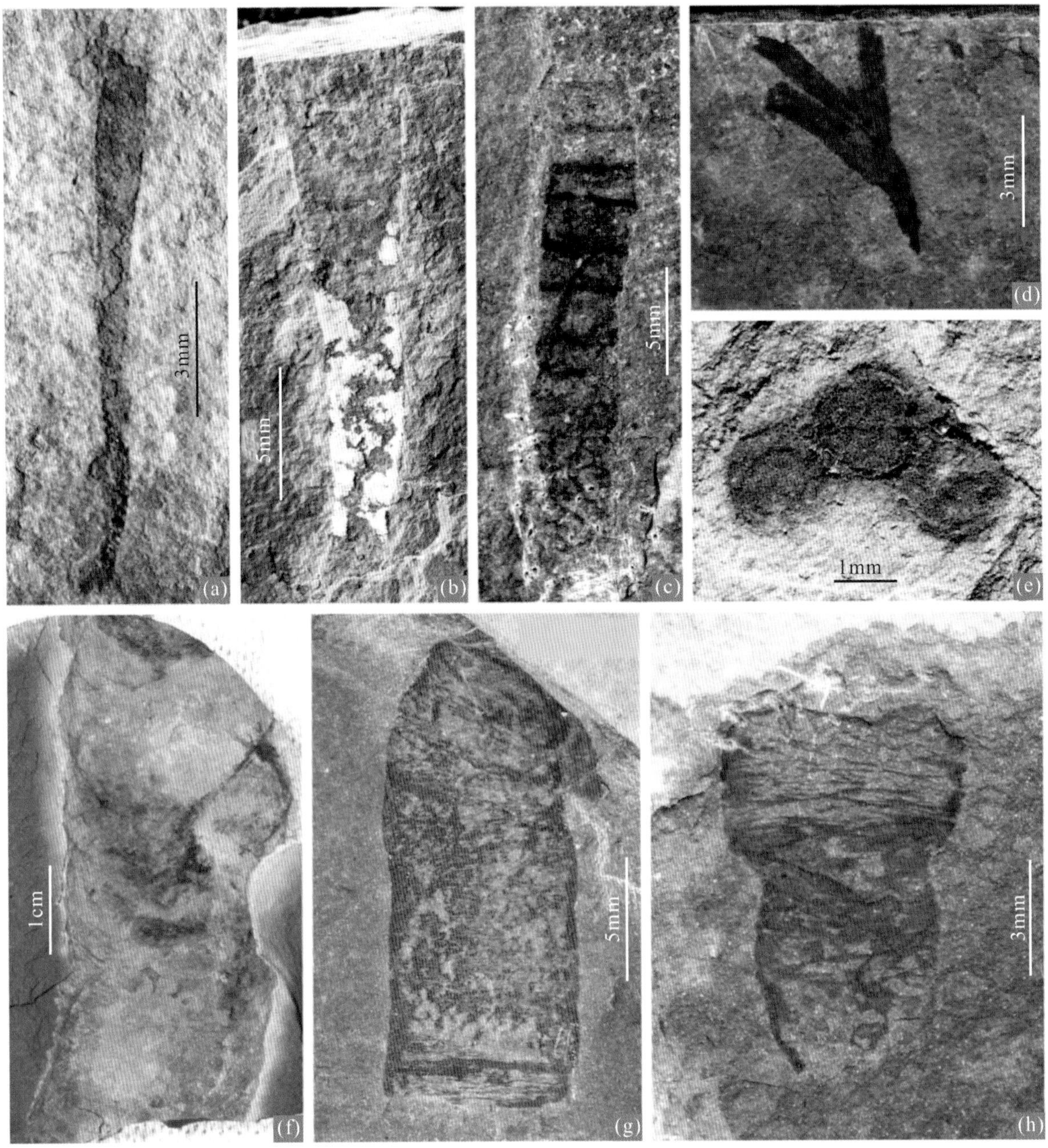

图 6-4　秭归县芝麻坪埃迪卡拉纪庙河段宏体藻类组合

a. 带状棒形藻；b. 小型原锥虫；c. 环纹杯状管；d. 拟浒苔；e. 丘尔藻；f. 似僧帽管；g. 标准震旦海绵；h. 陈均远震旦海绵

地球早期陆生植物——原始鳞木类化石

◎孟繁松

知识链接

地球历史进入志留纪晚期，由于剧烈的构造运动，地球普遍出现海退，不少海域变成陆地。随着海陆变迁和时间的推移，在潮间地带的藻类不断露出水面，走向分化，其中有一种藻类能适应陆地环境，并能进行光合作用，进而演变成陆生植物——裸蕨类和原始鳞木类（图 6-5）。这些植物始现于志留系拉德洛世，早泥盆世裸蕨类繁盛，原始鳞木类则较少见；中泥盆世裸蕨类仍占优势，但原始鳞木更发达；到晚泥盆世来临，裸蕨类濒于绝灭，而原始鳞木仍继续繁盛，并一直延伸到早石炭世。

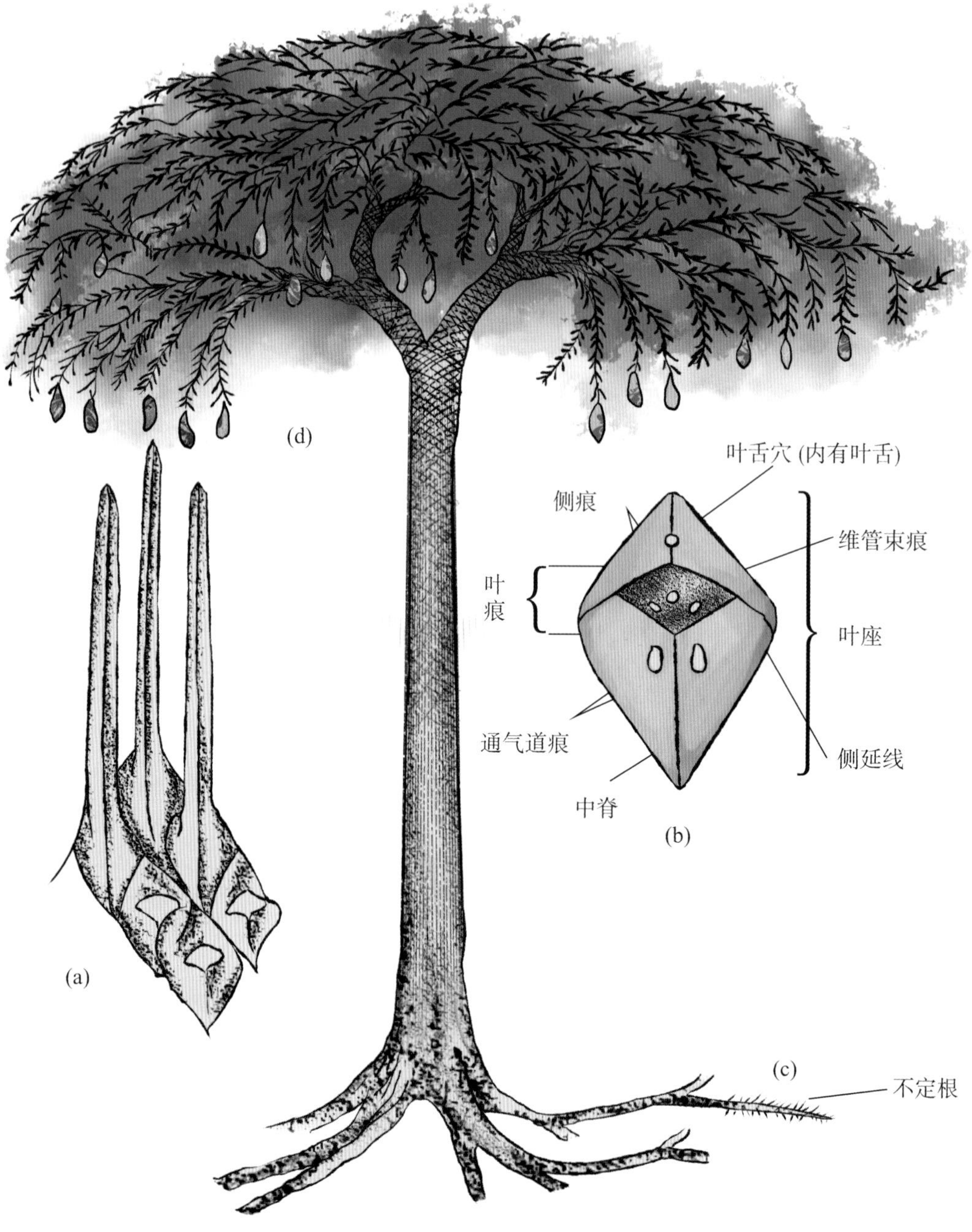

图 6-5　鳞木植物复原图

a. 茎枝上叶座的形态；b. 叶座的结构；c. 地下不定根；d. 鳞孢穗

珍稀化石档案

图 6-6~图 6-10 为原始鳞木类植物，详见图中表述。

图 6-6　长江三峡地区原始鳞木植物化石

a. 杜氏巴兰德木(*Barrandeina dusliana*)，叶座顶端具一凹坑；标本产自秭归周坪中泥盆世云台观组。b. 大拟鳞木(*Lepidodendropsis arborescens*)，叶座椭圆形，假轮状排列；标本产自宜昌官庄晚泥盆世黄家磴组。c. 奇异亚鳞木(*Sublepidodendron mirabile*)；标本产自秭归周坪中泥盆世云台观组

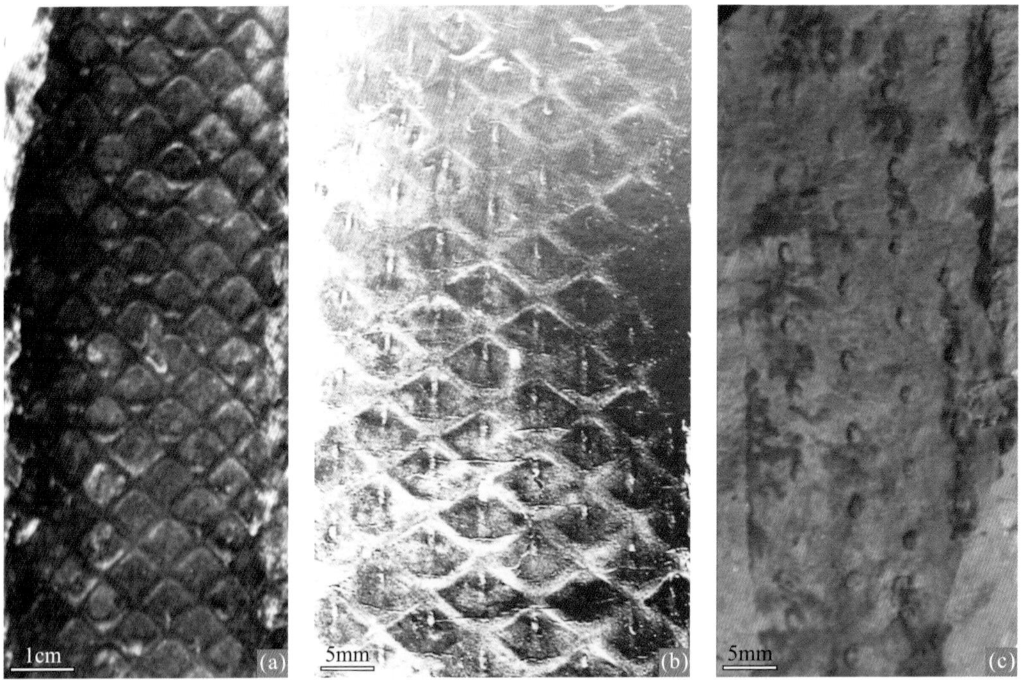

图 6-7　湖北西部晚泥盆世的标准鳞木化石

a,b. 斜方薄皮木(*Leptophloeum rhombicum*),叶座菱形,螺旋状排列,其上方具一卵圆形的小叶痕;标本产自长阳榔坪黄家磴组。c. 平圆印木(*Cyclostigma kiltorkense*);标本产自宜昌黄家磴组

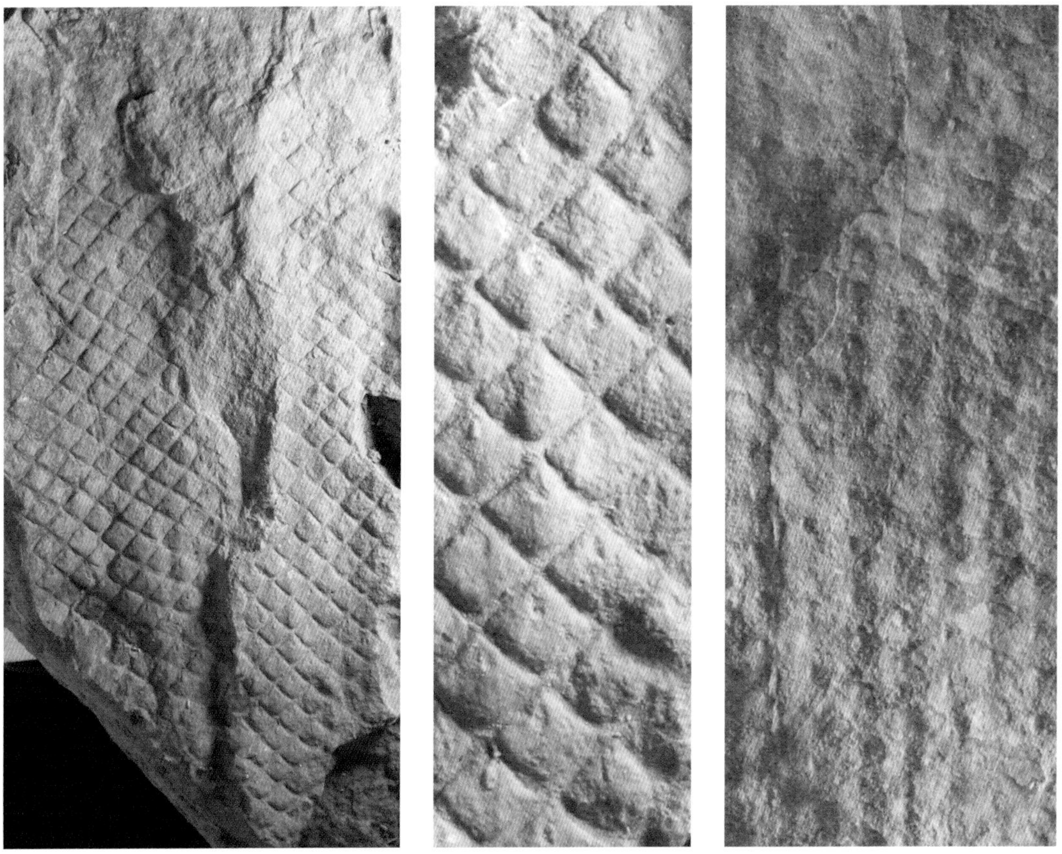

图 6-8　斜方薄皮木(*Leptophloeum rhombicum* Dawson)

产自宜昌官庄上泥盆统黄家磴组(据彭中勤等,2010)

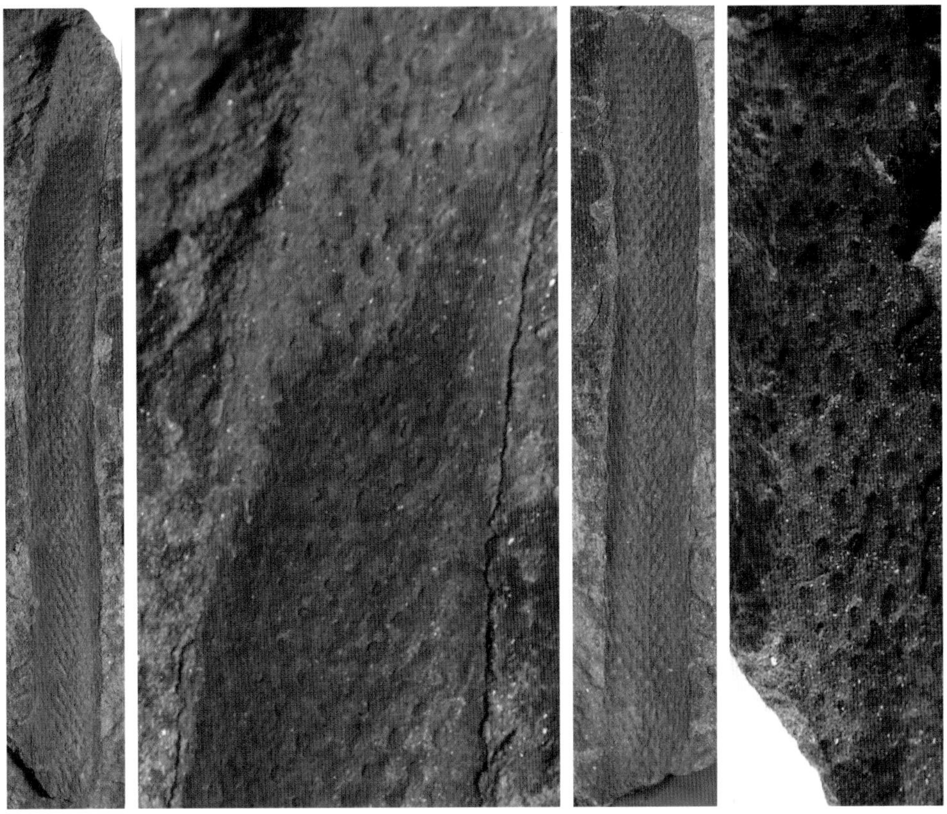

图 6-9　大拟鳞木[***Lepidodendropsis arborescens* (*Sze*) *Sze***]
产自宜昌官庄上泥盆统黄家磴组(据彭中勤等,2010)

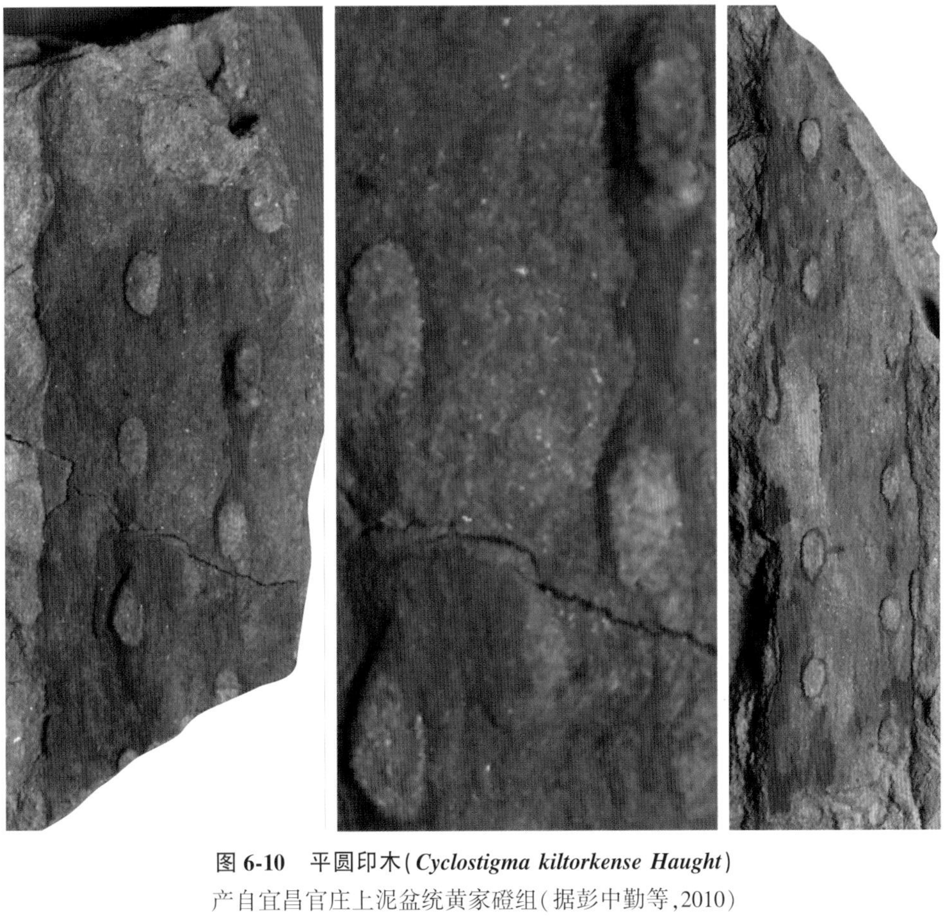

图 6-10　平圆印木(***Cyclostigma kiltorkense* Haught**)
产自宜昌官庄上泥盆统黄家磴组(据彭中勤等,2010)

蕨类及裸子植物化石

◎孟繁松

蕨类植物化石

知识链接

蕨类植物除地质时期的裸蕨类外，大多数都有根、茎、叶之分。输导系统由维管组织组成（图6-11）。孢子囊产生同形或异形孢子，以孢子进行繁殖（图 6-12）。蕨类植物可以分为裸蕨类、石松类、楔叶类和真蕨类。

石松类化石

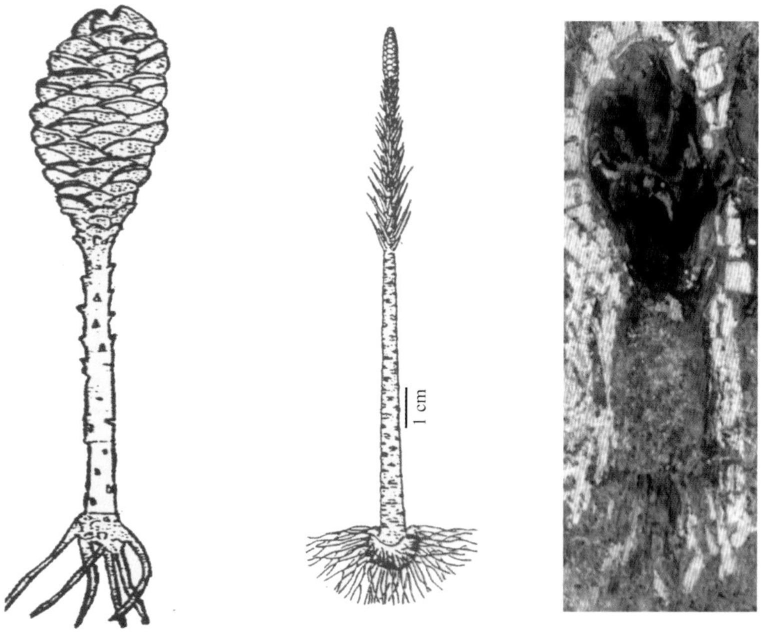

图 6-11　肋木植物再造（引自 Magdefrou，1956）

小型树状，茎顶生一孢子叶球，标本产自秭归郭家坝中三叠世巴东组

图 6-12　蔡氏脊囊（*Annalepis zeilleri*）

左：具球茎的孢子叶球；右：带孢子囊的单个孢子叶，标本均产自秭归郭家坝中三叠世巴东组。脊囊植物的孢子囊及孢子叶适于在水上漂浮

图 6-13　华南二叠纪植物生态复原(引自 Gu et Zhi,1974)

图 6-14　蔡氏束脉蕨(*Symopteris zeilleri*),侧脉以极锐的角度自中脉伸出后立刻向外弯伸,常呈束状;标本产自南漳东巩晚三叠世九里岗组。该种是华北延长植物群的代表分子

图 **6-15** 首要似托第蕨（*Todites princes*），显示了真蕨类植物的基本形态和结构，标本产自秭归郭家坝早侏罗世香溪组

图 6-16　水龙骨型异脉蕨(*Phlebopteris polypodioides*),蕨叶掌状,中脉强直,囊群圆形,位于中脉两侧各排成一行,标本产自秭归香溪早侏罗世香溪组

图 6-17　亚洲枝脉蕨(*Cladophlebis asiatica*),标本产自秭归泄滩早侏罗世香溪组

图 6-18 整洁似里白(*Gleichenites nitida*),标本产自南漳东巩晚三叠世九里岗组

裸子植物化石——种子蕨类

知识链接

裸子植物是种子植物中的一个大类,因种子裸露而得名。大多数为乔木或灌木,茎内次生木质部很发达,多由管胞组成。生殖器官由大、小孢子组成,胚珠在卵细胞受精后发育成种子。裸子植物主要分为种子蕨类、苏铁类、银杏类、松柏类等(图 6-13~图 6-18)。

知识链接

种子蕨类营养叶的形态与真蕨类没有区别(图 6-19、图 6-20),而生殖器官却大不相同——长着与裸子植物相似的种子。它是一类已经绝灭的、介于真蕨类与苏铁类之间比较原始的种子植物。该类植物始现于晚泥盆世,最盛于石炭纪至二叠纪,仅少数延续到中生代。

苏铁类包括现今的苏铁目和已经绝灭的本内苏铁目及尼尔桑目。叶为羽状,(图 6-21、图 6-22),茎和种子的解剖构造属于裸子植物。

图 6-19　单网羊齿(未定种)(*Gigantonoclea* sp.),大型单叶,侧脉与中脉约呈 60°,二级侧脉更细,标本产自大冶保安晚二叠世龙潭组。该种属于大羽羊齿类(引自陈公信,1984)

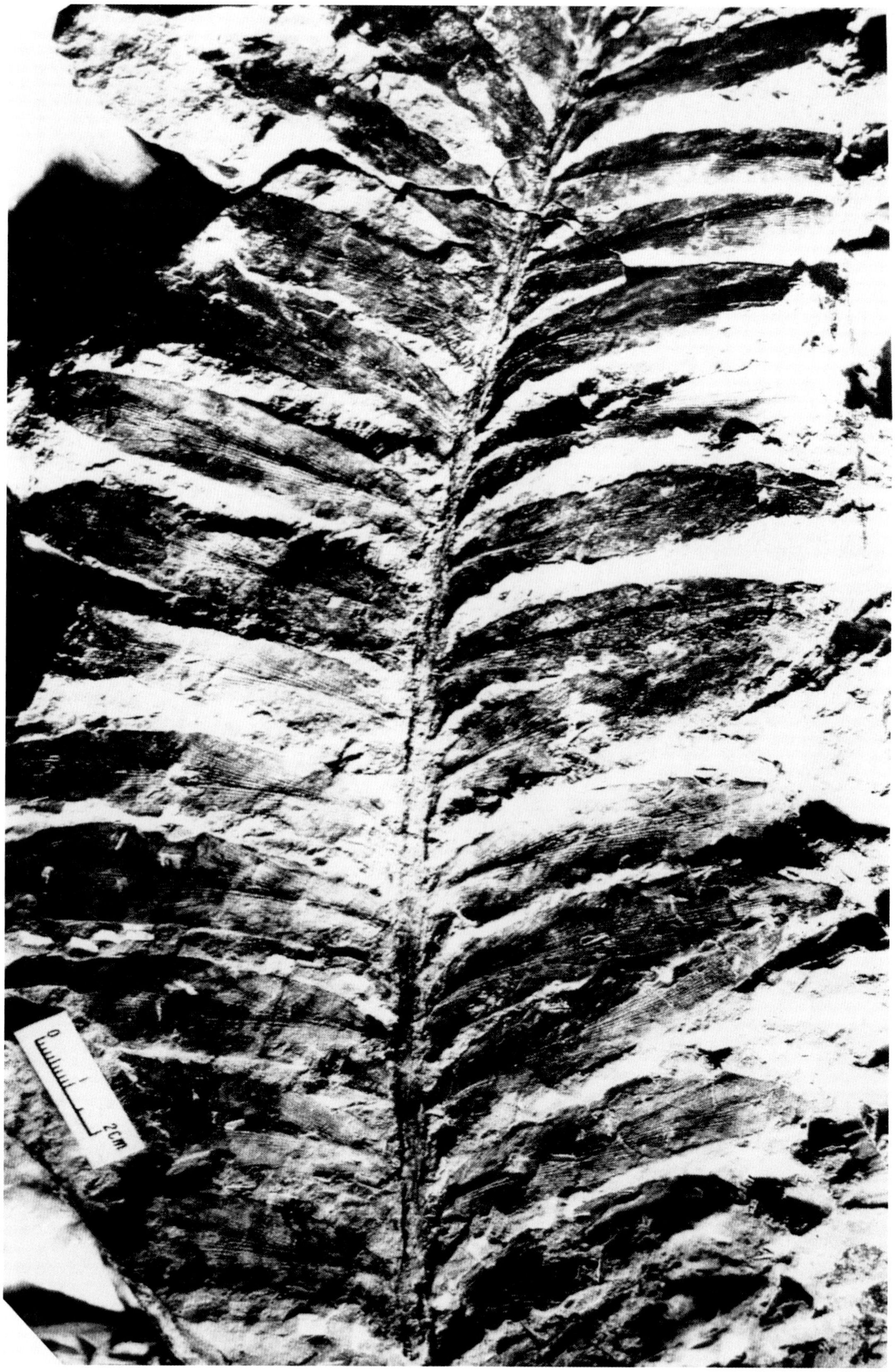

图 6-20　雅致丁菲羊齿(*Thinnfeldia elegans*)，小羽片披针形，中脉延伸至中途分叉消失，侧脉与中脉相交成极锐的角度，标本产自远安茅坪场晚三叠世九里岗组

图 6-21　斜楔羽叶(*Sphenozamites mariani*),裂片基部楔形,叶脉放射状;标本产自南漳东巩晚三叠世九里岗组

图 6-22　紧挤毛羽叶(*Ptilophyllum contiguum*),几个羽片保存在一起,标本产自秭归贾家店早侏罗世香溪组

知识链接

地质时期的银杏植物始现于晚古生代，中生代最盛，早白垩世晚期突然衰退（图 6-23～图 6-25）。现仅残存银杏（白果树）一种，该种一直被视为典型的“活化石”，它是庭园主要的栽培观赏植物之一。

松柏类为乔木或灌木。叶一般呈针状、锥状、线状或鳞片状，螺旋状或假轮状排列，有的轮生或交互对生（图 6-26、图 6-27）。

图 6-23　具边似银杏（近似种）(*Ginkoites* cf. *marginatus*)，标本产自远安曾家坡早侏罗世桐竹园组

图 6-24　胡顿银杏(*Ginkgo huttoni*),标本产自秭归泄滩早侏罗世香溪组

图 6-25　雅致拜拉(*Baiera elegans*),标本产自远安曾家坡早侏罗世桐竹园组

图 **6-26**　多脉斯氏松(*Szecladia multinervia*),标本产自大冶保安二叠纪乐平世龙潭组

图 **6-27**　沙氏穗杉(相似种)(*Stachyotaxus* cf. *saladinii*)叶两列状对生或亚对生,似羽状排列,叶单脉,基部下延;标本产自巴东宝塔河晚三叠世沙镇溪组

主要参考文献

陈孝红,张淼,王传尚,2009. 华南地区奥陶纪几丁虫[J]. 北京:地质出版社.
陈旭,戎嘉余,樊隽轩,等,2006. 奥陶系上统赫南特阶全球层型剖面和点位的建立[J]. 地层学杂志,30(4):289-305.
冯庆来,杜远生,殷鸿福,等,1996. 南秦岭勉略蛇绿混杂岩带中放射虫的发现及其地质意义[J]. 中国科学(D辑),26:78-82.
冯少南,许寿永,林甲兴,等,1984. 长江三峡地区生物地层学(3):晚古生代分册[M]. 北京:地质出版社,1-411.
顾知微,1976. 中国的瓣鳃类[M]. 北京:科学出版社:1-522.
关绍曾,1985. 湖北东南部中生代晚期火山沉积岩的介形类化石[J]. 古生物学报,24(3):312-323.
湖北省国土资源厅,2015. 湖北省古生物化石保护规划[Z]. 武汉:新华印刷厂:1-120.
湖北省区域地质测量队,1984. 湖北省古生物图册[M]. 武汉:湖北科学技术出版社:1-812.
纪强,2016. 腾飞之龙——中国长羽毛恐龙与鸟的起源[M]. 北京:地质出版社:1-168.
雷奔振,关绍曾,张清如,等,1987. 长江三峡生物地层学(5):白垩纪—第三纪分册[M]. 北京:地质出版社:199.
李锦玲,金帆,2009. 畅游在两亿年前的海洋:华南三叠纪海生爬行类和环境巡礼[M]. 北京:科学出版社:1-145.
李正琪,2001. 湖北省郧县梅铺镇晚白垩世地层中恐龙骨骼化石的分布、埋藏与分类特征[J]. 湖北地矿,15(4):26-31.
林甲兴,李家骧,陈公信,等,1977. 蜓目[M]//湖北省地质科学研究所. 中南地区古生物图册(二):晚古生代部分. 北京:地质出版社:4-95.
刘浩,王永标,袁爱华,等,2010. 湖北崇阳地区二叠纪—三叠纪之交微生物岩中的介形虫化石及其对灭绝事件的响应[J]. 中国科学:地球科学,40(5):574-582.
刘琦,胡世学,张泽,等,2010. 湖北中部寒武纪早期石龙洞组布尔吉斯页岩型生物群的发现[J]. 古生物学报,49(3):389-397.
孟繁松,张振来,牛志军,等,2000. 长江流域原始石松植物群及水韭目植物分类与演化[M]. 长沙:湖南科学技术出版社:1-87.
彭冰霞,杜远生,2002. 鄂东地区上泥盆统五通组砂岩沉积相及其古地理特征[J]. 古地理学报,4(3):26-31.
彭中勤,李志宏,孟繁松,等,2010. 湖北宜昌地区晚泥盆世黄家磴组植物化石新材料及其意义[J]. 地质通报,29(7):980-987.
任东,史宗冈,高太平,等,2012. 中国东北中生代昆虫化石珍品[M]. 北京:科学出版社:1-409.
唐烽,尹崇玉,刘鹏举,等,2008. 华南伊迪卡拉纪"庙河生物群"的属性分析[J]. 地质学报,82(5):601-611.
童金南,殷鸿福,2007. 古生物学[M]. 北京:高等教育出版社:1-421.
汪啸风,2015. 世界上罕见的早始新世猴鸟鱼化石库[J]. 古生物学报,54(4):425-435.
汪啸风,陈孝红,张仁杰,等,2002. 长江三峡地区珍贵地质遗迹保护和太古宙——中生代多重地层划分与海平面变化[M]. 北京:地质出版社:55-73.
王传尚,汪啸风,陈孝红,等,2003. 贵州关岭生物群海百合 Traumatocrinus 的再研究[J]. 地质通报,22(4):248-253.
沃克,沃德,2007. 化石——全世界 500 多种化石的彩色图鉴[M]. 北京:中国友谊出版社:1-318.
徐星,2015. 鸟类起源的研究获突破性进展[J]. 化石(1):8-11.
尹伯传,1987. 对湖北省松滋县刘家场下石炭统地层划分的新认知[J]. 江汉石油学院学报,9(3):16-19.
尹磊明,2016. 中国的疑源类化石[M]. 北京:科学出版社:1-232.
尹磊明,周传明,袁训,2008. 湖北宜昌埃迪卡拉系陡山沱组天柱山卵囊胞——Tianzhushania 的新认识[J]. 古生物学报,47(2):129-140.
袁训来,肖书海,尹磊明,等,2002. 陡山沱期生物群——早期动物辐射前夕的生命[M]. 合肥:中国科学技术出版社:1-171.
曾庆銮,陈孝红,王传尚,等,2016. 宜昌地区赫南特动物群及其生境和灭绝原因以及兰多维列世生物群演变[M]. 武汉:中国地质出版社:1-112.
张江永,MARK V H,WILSON,2017. 金龙鱼化石的首次发现[J]. 古脊椎动物学报,55(1):1-9.
周修高,任有福,徐世球,1998. 湖北郧县青龙山一带晚白垩世恐龙蛋化石[J]. 湖北地矿,12(3):1-8.
ALDRIDGE R J,PURNELL M A,1996. The conodont controversies[J]. Trends in Ecology and Evolution,11:463-468.
BOADMAN R S,CHEETHAM A H,COOK P I,1983. Introduction to the Bryozoa[M]//Robinson R A. Treatise on Invertebrate Paleontology. Lawrence:Geology Society of America and University of Kansas Press:3-48.
CHEN X H,MOTANI R,CHENG L,et al. ,2014. A small short-necked Hupehsuchian from the Lower Triassic of Hubei Province,China[J/OL]. PLoS ONE,9(12). [2020-09-10]. https://doi. org/10. 1371/journal. pone. 0115244.
CHEN X,RONG J Y,FAN J X,et al. ,2006. The Global Boundary Stratotpye Section and Point(GSSP)for the base of the Hirnantian Stage(the uppermost of the Ordovician System)[J]. Episodes,29(3):183-196.
CHEN Z,ZHOU C M,XIAO S H,et al. ,2014. New Ediacara fossils preserved in marine limestone and their ecological implica-

tion[J]. Scientific Reports,4:1-10.
CHEN Z,ZHOU C,MEYER M,et al. ,2013. Trace fossil evidence for Ediacaran bilaterian animals with complex behaviors[J]. Precambrian Research,224:690-701.
CHEN Z,ZHOU C,XIAO S,et al. ,2015. New Ediacara fossils preserved in marine limestone and their ecological implications [J]. Scientific Reports,4(1):1-10.
CHENG L,RYOSUKE M,JIANG D Y,et al. ,2019. Early Triassic marine reptile representing the oldest record of unusually small eyes in reptiles indicating non-visual prey detection[J]. Scientific Reports,2019,9(1):1-11.
FENG Q L,1992. Permian and Triassic Radiolarian Biostratigraphy in South and Southwest China[J]. Journal of China University of Geosciences,3:51-62.
LI C,WU X C,RIEPPEL O,et al. ,2008. An ancestral turtle from the late Triassic of southwestern China and its palaeogeographical implications. Sciences in China[J]. Series D:Earth Science,50(11):1601-1605.
LI H,LI C R,KUMAN K,2017. Longgudong,an Early Pleistocene site in Jianshi,South China,with stratigraphic association of human teeth and lithics[J]. Science China Earth Sciences,60(3):452-462.
LIU J,2016. Yuanansuchus maopingchangensis sp. nov. ,the second capitosauroid temnospondyl from the Middle Triassic Badong Formation of Yuanan,Hubei,China[J/OL]. PeerJ,2016(5). [2019-05-30]. https://peerj. com/articles/1903/. DOI: 10. 7717/peerj. 1903.
LIU J,WANG Y,2005. The first complete Mastodonsauroid skull from the Triassic of China:Yuanansuchus laticeps gen. et sp. nov[J]. Journal of Vertebrate Paleontology,25(3):725-728.
MA J Y,TAYLOR P D,XIA F S,et al. ,2015. The oldest known bryozoan:Prophyllodictya(Cryptostomata)from the Lower Tremadocian(Lower Ordovician)of Liujiachang,South-Western Hubei,Central China[J]. Plaeontology,58(5):925-934.
NI XJ,DANIEL L G,MARIAN D,et al. ,2013. The oldest known primate skeleton and early haplorhine evolution[J]. Nature, 498:60-64. RIGBYi J K,GANGLOFF R A,1987. Fossil Invetebrates[J]. Palo Alto:Blackwell:107-115.
RONG J Y,CHEN X,Harper D A T,et al. ,1999. Proposal of a GSSP candidate section in the Yangtze. Platform region,S. China,for a new Hirnantian boundary stratotype[J]. Acta Universitatis Carolinae Geologica,43(102):77-80.
RYLAND J S. 1970. Bryozoans[M]. London:Hutchinson University Library:1-175.
SAVRDA C E,2007. Chapter 6-Taphonomy of Trace Fossils[M]//Miller III. Trace Fossils:Concepts,Problems,Prospects. Amsterdam:Elsevier:92-109.
SCTESE C R,BAMBACH R K,BARTON C,et al. ,1979. Paleozoic base maps[J]. Geol,87:217-227.
SUTTNER T J,KIDO E,KONIGSHOF P,et al. ,2016. Planet earth in deep time(Palaeozoic series)[M]. Stuttgart:Schweizerban Science Publishers:1-261.
SZREK P,SALWA S,NIEDZWIEDZKI G,et al. ,2016. A glimpse of a fish face-An exceptional fish feeding trace fossil from the Lower Devonian of the Holy Cross Mountains[J]. Palaeogeography,Palaeoclimatology,Palaeoecology,454:113-124.
THIJS V,2011. Chitinous News -letter 30[G/OL]//Commission Internationale de Microflore du Paléozoqïue,Subcommission on Chitinozoans. www. cimp. ulg. ac. be/archnews. html.
WANG C S,WANG X F,CHEN X H,et al. ,2013. Taxonomy,zonation and correlation of the graptolite fauna across the Lower/ Middle Ordovician boundary interval[J]. Acta Geologica Sinia(English ed.),87(1):32-47.
WANG X F,STOUGE S,CHEN X H,et al. ,2009. The Global Stratotype Section and Point for the base of the Middle Ordovician Series and the Third Stage(Dapingian)[J]. Episodes(Journal of International Geosciences),32(2):96-113.
WANG X F,SVEND S,CHEN X H,et al. ,2009. The Global Stratotype Section and Point for the base of the Middle Ordovician Series and the Third Stage(Dapingian)[J]. Episodes,32(2):96-113.
XIA F S,ZHANG S G,WANG Z Z,2007. The oldest bryozoans:new evidence from the late Trematocian(Early Ordovician)of east Yangtze Gorges in China[J]. Journal of Paleontology,81(6):1305-1323.
XIAO S,KNOLL A H,YUAN X L,et al. ,2004. Phosphatized multicellular algae in the Neoproterozoic Doushantuo Formation, China,and the early evolution of florideophyte red algae[J]. American Journal of Botany,91:214-227.
XIAO S,YUAN X L,STEINER M,et al. ,2002. Macroscopic carbonaceous compressions in a terminal Proterozoic shale:a systemtic reasement to the Miaohe biota,South China[J]. Journal Paleontology,76(2):345-374.
YE Q,TONG J,AN Z,et al. ,2017. A systematic description of new macrofossil material from the upper Ediacaran Miaohe Member in South China[J]. Journal of Systematic Palaeontology:1-56.
YE Q,TONG J,XIAO S,et al. ,2015. The survival of benthic macroscopic phototrophs on a Neoproterozoic snowball Earth[J]. Geology,43:507-510.
YUAN A H,CRASQUIN-SOLEAU S,FENG Q L,et al. ,2007. Latest Permian deep-water ostracods from southwestern Guangxi, South China[J]. Journal of Micropalaeontology,26(2):169-191.
ZHANG M,GU S Z. 2015. Latest Permian deep-water foraminifers from Daxiakou,Hubei,South China[J]. Journal of Paleontology,89:448-464.